AF589886

PROCÉDÉ DE SIR WILLIAM BURNETT

POUR LA

# CONSERVATION DES BOIS

## TOILES A VOILES

## CORDAGES, TISSUS, ETC.

ENTREPRISE DE TRAVAUX

POUR LA CONSERVATION DES BOIS

**H. P. BURT.**

*Procédés Bethell, Payne et Burnett.*





BUREAU A PARIS :
25, RUE LAFFITTE.

BUREAU A LONDRES :
2, CHARLOTTE ROW.
MANSION HOUSE.

Agent en France : M. S. B. BOULTON.

# PROSPECTUS.

Voici quelques-uns des effets produits et des avantages que présente le procédé breveté de sir William Burnett, que la Commission exécutive de l'exposition des œuvres de l'industrie de toutes les nations, à Londres, en 1851, a récompensé d'une médaille à titre de prix, pour son importante découverte.

**Action sur le bois.**

Il endurcit et améliore le tissu. Il entre en combinaison chimique permanente avec la fibre ligneuse ; il ne revient pas à la surface du bois par efflorescence, comme d'autres sels cristallisables ; enfin le composé chimique ainsi formé ne se laisse pas laver par des lessivages ou par l'ébullition dans l'eau.

Il garantit le bois et les autres objets de l'adhérence des parasites, animaux ou végétaux, et aussi des attaques des termites et d'autres insectes dans les Indes.

Il garantit complétement le bois de la pourriture sèche et humide.

Il rend les bois parfaitement incapables de s'enflammer, quand on en fait usage avec le degré de force voulu.

(*Voir la copie des dépositions faites devant la Commission Judiciaire du Conseil Privé, et les rapports de M. S. M. Peto, membre du Parlement, R. B. Dockray, ingénieur civil et des professeurs Graham, Brande et Cooper, 1re partie.*)

**Action sur la toile, les cordages, le coton, etc.**

La préparation préserve ces objets du blanc et de la rouille ; elle les rend plus flexibles ; ne les décolore en aucune manière, et les lavages ou ébullitions dans l'eau ne séparent pas la combinaison de leurs fibres. — (*Voir les attestations des professeurs Graham, Brande et Cooper et autres, 2e partie.*)

**Action sur les lainages.**

Les lainages préparés par ce procédé seront préservés du blanc et de la rouille ; ils ne seront pas attaqués par les mites, et les lavages ou l'eau bouillante n'en sépareront pas la combinaison. (*Voir attestations, 2e partie.*)

**Action vis-à-vis des métaux.**

Le fer ni les autres métaux ne sont ni oxydés ni attaqués, soit qu'on les immerge dans la solution, soit qu'on les pose dans du bois préparé dans la solution. — (*Voir les attestations, 1re partie.*)

Les originaux des attestations qui se trouvent dans les pages suivantes, et de beaucoup d'autres qui n'ont pas été publiés, se trouvent aux bureaux, à Londres, où on peut les voir.

Ce procédé est comparativement peu coûteux, et ne peut absolument pas causer de danger à la santé, soit dans sa préparation, soit dans son application.

Les Lords Commissaires de l'Amirauté Britannique ont ordonné d'en faire l'essai en l'année 1838, et il est maintenant employé dans les chantiers de construction de S. M. la reine d'Angleterre, pour la conservation de tout genre de bois pour la construction des navires et autres choses, aussi bien que pour la conservation de la toile et la purification de l'eau de la cale, etc., dans les navires de l'État.

Voici quelques-uns des chemins de fer anglais sur lesquels ce procédé a été employé : le Great-Western, le Vale of Neath, celui d'Oxford, Worcester et Wolverhampton ; celui d'Oxford à Birmingham, ceux de South Devon, West Cornwall, South Wales, London et North-Western ; Eastern Counties, Eastern Union, Newmarket Junction ; Southampton à Dorchester, Chester à Holyhead, Waterford à Kilhenny et sur différents chemins de fer par la compagnie du télégraphe électrique.

M. Brunel se sert de ce procédé sur tous les chemins de fer où il est ingénieur, et il est employé par beaucoup de personnes de distinction, particuliers, armateurs, etc., dont beaucoup ont attesté de l'efficacité et de l'économie du procédé.

## PREMIÈRE PARTIE.

# PROCÉDURES ET DÉPOSITIONS

FAITES SOUS SERMENT

*Devant la Commission Judiciaire du Conseil Privé de Sa Majesté la Reine d'Angleterre,*

**TOUCHANT LE SUCCÈS PARFAIT DU BREVET DE SIR WILLIAM BURNETT**

ET

# ATTESTATIONS

***Concernant la conservation du bois contre la rouille sèche et humide, et touchant son incombustibilité quand il est préparé dans ce but.***

---

**AU CONSEIL PRIVÉ.**

Samedi, 7 février 1852.

***Présents :***

Le très-honor. Lord CRANWORTH,
Le très-honor. Sir STEPHEN LUSHINGTON,
Le très-honor. Sir KNIGHT BRUCE,
Le très-honor. Sir EDWARD RYAN.

DANS L'AFFAIRE

du

## BREVET DE SIR WILLIAM BURNETT.

---

Sir FREDERICK THESIGER. — Milords, j'ai l'honneur de paraître devant Vos Seigneuries dans cette cause, dans l'intérêt de sir William Burnett, qui est directeur général au département médical de la Marine Royale, pour demander à Vos Seigneuries la prolongation d'un brevet qui lui a été concédé au mois de juillet 1838, pour des perfectionnements dans la conservation des bois et autres substances végétales ; et, Milords, croyant, comme je le crois, que cette découverte de sir William Burnett présente un grand intérêt national, et qu'elle est une des découvertes extraordinaires qui ont illustré le siècle actuel, je suis parfaitement certain que vous sentez qu'elle a droit à la récompense la plus haute.

Vos Seigneuries n'ignorent pas que pendant un temps considérable, l'attention du public s'est portée sur la découverte de moyens pour empêcher le dépérissement des bois et des matières végétales; et l'importance en est évidente par la quantité de bois qui sont importés et appliqués aux travaux publics de toute nature. Il paraît que de 1843 à 1850, on n'a pas importé des pays étrangers et de nos possessions coloniales, une quantité moindre de 1,720,000 charges de bois de construction, dont la valeur peut être estimée au moins à cinq millions et demi sterling. Une grande partie en a été appliquée à divers usages publics importants; on s'en est servi pour des traverses de chemins de fer, pour des pilotis, des charpentes, des docks et des réservoirs; et, pour une très-forte somme, pour la reconstruction et les réparations des navires. Or, dans toutes ces circonstances, le bois est nécessairement exposé à l'influence de tous les éléments de destruction.

Milords, on a breveté de temps à autres différentes découvertes se proposant ce but; le nom de plusieurs sera probablement connu de Vos Seigneuries, entre autres, celle contenue dans le brevet Kyan, ayant pour but d'empêcher la pourriture sèche du bois. Je crois qu'il se fondait sur l'emploi du sublimé corrosif, et certainement cette invention n'a pas été trouvée très-satisfaisante. Sir William Burnett, sentant bien de quelle importance était cet objet, a depuis longtemps appliqué son attention à la recherche de quelque autre moyen efficace pour conserver le bois. Il a fait nombre d'expériences, y a voué une grande partie de son temps, et s'est soumis à de fortes dépenses, et certainement un tel sujet réclamait les soins les plus assidus et l'étude la plus étendue. Le résultat qu'il a obtenu est des plus admirables et des plus brillants, car il a découvert que pour atteindre toutes les conditions requises d'une manière complète, on devait se servir de chlorure de zinc, composé chimique des plus simples, des meilleurs marchés, et qui est presque inépuisable. En conséquence, il a fait demande d'un brevet, et son brevet, comme je l'ai prouvé à Vos Seigneuries, est daté du mois de juillet 1838.

Maintenant, Vos Seigneuries savent qu'en raison de la nature et du caractère particulier de cette découverte, c'est une de celles qui exigent un grand nombre d'années avant que l'efficacité en puisse être constatée. Indépendamment de cela, on savait que d'autres substances avaient été bien accueillies, et que les administrations publiques les avaient employées; il était donc très-difficile de les supplanter immédiatement; dans d'autres cas, le peu d'efficacité des découvertes antérieures inspirait aux personnes de la méfiance contre toute découverte nouvelle. Il y avait donc à surmonter de grandes difficultés, et consumer nécessairement, comme je le prouverai à Vos Seigneuries, un temps bien plus long que la durée du brevet, rien que pour engager les administrations publiques et autres corps à s'intéresser à la découverte et à l'adopter.

Je crois, Milords, qu'il est maintenant prouvé que l'action du chlorure de zinc consiste en ce qui suit: la destruction du bois et des matières végétales provient de la matière albumineuse qui s'y trouve contenue, et qui, exposée à des alternatives de chaleur et d'humidité, fermente et produit la putréfaction. Le but de toutes les personnes qui ont cherché à découvrir une substance nouvelle qui eût pour effet d'empêcher cette destruction, a été d'y introduire quelque chose qui eût la propriété de former un composé insoluble avec l'albumine contenue dans ces corps. On a trouvé que le chlorure de zinc atteint parfaitement ce but; qu'il se combine à l'albumine du bois et des autres corps, et qu'il produit un composé insoluble que ni les lavages, ni l'ébullition ne peuvent enlever. Maintenant, bien qu'il ait fallu un grand nombre d'années pour constater la réalité et les avantages de cette découverte, cependant les expériences faites relativement à l'application de cette dissolution ont amené des résultats vraiment curieux.

A la maison du garde du chantier de Chatham, à ce que je crois, on a posé un plancher composé alternativement de planches de bois préparé ou Burnettizé et des planches de bois non préparé. Au bout de peu d'années, le bois non préparé était complétement pourri, tandis que le bois préparé était tout aussi bon qu'à l'époque de la pose. Voici, Milords, des échantillons du bois dont je viens de faire mention. (*Sir Frederick Thesiger produit des morceaux de bois qui ensuite sont remis entre les mains des juges*). Celui-ci, Milords, est du bois non Burnettizé: ils étaient posés côte à côte.

Le Procureur général. — Dans l'eau ?

Sir F. THESIGER. — Non, ils faisaient partie d'un plancher.
Sir K. BRUCE. — Cela vient-il de Chatham?
Sir F. THESIGER. — Il vient de Chatham, Milords.

Maintenant, Milords, les échantillons que je vais produire devant Vos Seigneuries, sont des lattes venant de Petworth. Voici, Milords, des lattes qui ont été placées alternativement dans une chambre du chateau de Petworth. (*Sir Frederick Thesiger présente quelques lattes.*) Celles-ci sont Burnettizées ; celles-là ne le sont pas. Vos Seigneuries verront la différence qui existe : celles-ci, (*il montre l'échantillon non préparé*) sont absolument détruites, et celles-ci, (*montrant les lattes préparées*) sont dans un parfait état de conservation. Maintenant, Milords, voici le rapport qui est relatif à ces mêmes échantillons, et que j'ai l'honneur de soumettre à Vos Seigneuries. « Voici des renseignements exacts sur les lattes que je vous ai envoyées. Elles sont toutes en » aubier de jeune chêne (partie extérieure la plus voisine de l'écorce), et prises » à peu près à la même époque dans un tas dans la cour. On les a enlevées ensemble, indistinctement (préparées ou non), dans une chambre inachevée de » l'étage des chambres à coucher, à l'extrémité sud du château de Petworth, » au mois de janvier 1847. Les lattes Burnettizées sont toutes dures et saines; » et celles que vous voyez presque réduites en poudre et rongées des vers, » sont celles qui n'étaient pas préparées. »

Maintenant, Milords, je vais montrer à Vos Seigneuries une autre preuve fort extraordinaire de l'avantage de cette découverte. Voici une pièce de toile. Vos Seigneuries voient comme elle est coupée. Cette partie-ci que je vous soumets a été Burnettizée ; l'autre partie n'a pas été Burnettizée du tout. On l'a placée dans cet état dans une cave humide, pendant un temps considérable, et en voici le résultat : ce morceau-ci (*indiquant un morceau de toile*) qui est la toile Burnettizée, paraît aussi bon que la première fois que l'on s'en est servi ; et il est très-curieux, comme Vos Seigneuries le remarqueront, de voir que, par l'action capillaire, une partie de la dissolution a pénétré jusque dans la partie qui n'est pas Burnettizée. Vos Seigneuries remarqueront que précisément la partie jusqu'où s'est étendue l'action capillaire est aussi bonne que l'autre, tandis que le reste a été réduit à l'état de destruction que vous voyez.

Milords, l'essai a aussi été fait d'une autre manière. Partie d'une vergue d'un navire, le bois lui-même n'étant pas pró aré avec la dissolution, a été entourée de toile ; on a placé l'un et l'autre ensemble dans une cave humide : celle dont le bois et la toile n'étaient pas préparés, a complétement été détruite, bois et toile ensemble ; mais celle sous laquelle se trouvait la toile préparée a été préservée par la toile préparée.

Maintenant, Milords, on a fait des expériences pour voir s'il était possible d'enlever cette dissolution de la toile et du bois à l'aide de lavages. On a d'abord essayé les mêmes substances préparées avec le sublimé corrosif selon le brevet Kyan, et on a trouvé qu'après le lavage et l'ébullition, il n'existait plus aucune trace de mercure dans la substance essayée de cette manière. Les mêmes substances ont ensuite été traitées avec la dissolution de sir William Burnett ; et après avoir été lavées et soumises à l'ébullition, et qu'on les eut traitées de la même manière, on pouvait encore découvrir clairement des traces de zinc dans le bois et dans la toile.

Maintenant, Milords, il y a un autre avantage accessoire, que sir William Burnett ignorait absolument quand il a fait cette découverte, mais qu'il a constaté par la suite : c'est que cette dissolution rend le bois, sinon absolument incombustible, du moins elle le rend non inflammable ; c'est-à-dire, il n'y a pas de flamme : il peut couver, mais il ne produit pas de flamme, si cette dissolution est appliquée au bois pour la quantité nécessaire. Elle a aussi un pouvoir désinfectant qui l'a rendue d'un usage général dans les navires pour empêcher les émanations des eaux de fond de cale. Tous ces effets sont indubitablement très-surprenants, et ce sont là des résultats fort avantageux provenant d'une simple découverte, et je suppose que Vos Seigneuries ne doutent pas de l'avantage national qui en résultera.

Je vous ai annoncé, Milords, combien il y avait eu de difficultés à introduire cette découverte dans le public pour que l'on en fasse usage ; je vais en donner à Vos Seigneuries un exemple pour ce qui concerne l'Amirauté. Elle a été reçue à l'Amirauté, qui a été des premiers qui en ont fait usage. Après neuf années d'expériences, ou plutôt environ neuf ans, l'Amirauté écrit une lettre, sur laquelle j'appelle l'attention de Vos Seigneuries. Le 18 juin 1847, le breveté lui adresse une demande exprimant l'espoir que le résultat des expériences est suffisamment satisfaisant pour engager l'Amirauté à adopter généralement ce procédé; et cette administration répond, le 19 juillet 1847, qu'elle doit attendre le résultat de nouvelles expériences avant que de pouvoir ordonner que cette préparation soit appliquée à tous les bois et toiles des chantiers de construction. Plus tard, en septembre 1847, les Lords de l'Amirauté informent sir William Burnett qu'ils ont donné ordre de faire des essais avec des toiles préparées et non préparées, et que les officiers qui y étaient préposés devaient faire leur rapport au commencement de l'année 1848, puis que ces expériences seraient encore continuées. Cela se passait à la fin de l'année 1847: l'Amirauté continua ses expériences pendant quatre ans. Dans tous les chantiers on fit des expériences; et le 24 juin 1851, elle envoya chez sir William Burnett, en disant que l'administration de l'Amirauté avait résolu de faire usage de la dissolution pour préparer les bois tendres, et de continuer à faire des expériences, sur une plus grande échelle, sur les bois durs. Ainsi, comme je l'avais annoncé à Vos Seigneuries, il fallut nécessairement, en raison de la nature de la découverte, un temps considérable pour en constater la valeur et l'avantage: pendant toute la durée du brevet, les brevetés n'ont pas discontinué les expériences propres à convaincre les Lords de l'Amirauté de son efficacité. Cela seul vous montrera la difficulté qu'il y avait à l'introduire dans le public.

Je crois, Milords, que pendant bien du temps, beaucoup d'ingénieurs chargés des travaux publics se sont montrés très-sceptiques. La plupart d'entre eux ont de la répugnance pour les nouvelles découvertes, et ce n'est que maintenant seulement que le jour commence à se faire pour eux sur ces avantages. Voici maintenant, Messieurs, deux traverses qui ont été placés en même temps à côté l'une de l'autre: l'une est préparée, l'autre ne l'est pas *(sir Frederick Thesiger présente à Leurs Seigneuries deux morceaux de bois)*. Ceci, Milords, est la traverse non préparée: voilà dans quel état elle est; et ceci est la traverse de chemin de fer posée à côté pendant le même temps, mais qui été a préparée.

Pour vous montrer maintenant l'immense avantage que le public aurait tiré de cette découverte, je vais rappeler à Vos Seigneuries un calcul (nécessairement il ne peut pas être parfaitement exact et précis) que l'on a fait sur la quantité de bois qui se trouve détruit ainsi dans les navires. Un inspecteur a calculé que les bois mis au rebut dans les navires s'élèvent par an à une moyenne de 15 s. 6 d. par tonne. Eh bien! admettons cela: je sais bien que cela est un peu incertain. Admettons que le tonnage total de la marine soit 200,000 tonnes; multiplions ce chiffre par 15 s. 6 d.; nous obtenons une dépréciation annuelle de 155,000 livres sterlings; déduisons de là le prix de la Burnettisation de 50,000 charges de bois à 10 shillings par charge, ce qui est la quantité annuelle de bois fourni aux chantiers; l'emploi du procédé breveté de sir William Burnett donnerait au gouvernement une économie de 130,000 livres sterlings par an. Maintenant je n'ai parlé que de l'usure naturelle du bois dans les navires, sans le moindrement mentionner celle des cordages et des voiles, et je n'ai pas mentionné non plus les frais indispensables qui proviennent des réparations faites dans les chantiers de construction.

Maintenant, Milords, il faut tenir compte du déchet applicable à la marine marchande sur les bois, les cordages, et les voiles. Il faut encore prendre en considération le déchet qui se produit dans les docks, les chantiers, les ouvrages hydrauliques, les chemins de fer; et je crois alors que je puis aller jusqu'à dire à Vos Seigneuries qu'elles seront d'avis que sir William Burnett n'a tiré, je puis le dire, relativement rien du tout de cette découverte si importante, et que Vos Seigneuries penseront qu'il doit recevoir sa récompense en obtenant que son brevet soit prolongé aussi longtemps que Vos Seigneuries ont pouvoir de le faire.

Milords, dans de telles circonstances, je me suis efforcé de vous soumettre brièvement l'affaire, eu égard à l'heure. Je vais maintenant prouver ces faits, et j'espère que Vos Seigneuries seront d'avis que sir William Burnett a droit à une prolongation entière de son brevet.

*(M. John Thomas Cooper prête ensuite serment. — Il est interrogé par M. Webster.)*

D. — Vous êtes chimiste de profession?

R. — Oui.

D. — Avez-vous, avec le professeur Brande, préparé des échantillons de toile en l'année 1844?

R. — J'en ai préparé.

D. — Avec quoi les avez-vous préparés?

R.—Avec du chlorure de zinc.

D.—L'avez-vous fait conformément au procédé décrit dans le Mémoire descriptif de sir William Burnett?

R.—Oui.

D.—Quand vous les eûtes préparés suivant ce procédé, qu'en avez-vous fait?

R.—Ce n'était pas avec une dissolution de chlorure de zinc préparée par sir William Burnett, mais avec une dissolution préparée par moi-même.

D.—Mais préparée suivant ses prescriptions?

R.—Oui.

D.—Qu'avez-vous fait de ces échantillons?

R.—Je les ai mis dans une cave humide.

D.—Était-ce en l'année 1844?

R.—Oui.

D.—Etait-ce des échantillons préparés et d'autres non préparés?

R.—Oui, il y avait des échantillons préparés et d'autres non préparés, coupés sur les mêmes morceaux de bois et de toile.

D.—Les échantillons préparés et ceux non préparés ont-ils été tous deux placés dans une cave humide?

R. — Oui.

D. — Côte à côte?

R. — Oui.

D. — Ont-ils été examinés plus tard?

R.— Tous les six mois environ, pendant une longue période, — deux ou trois ans environ.

D. — Vous rappelez-vous les avoir examinés un an après, en 1845?

R.—Oui.

D.— Dans quel état les avez-vous trouvés?

R. — La toile était détruite; elle était devenue noire et moisie.

D.— La toile non préparée?

R. — La toile non préparée. Les échantillons étaient de différentes sortes, des bois durs et des bois tendres. Plusieurs des échantillons avaient commencé à présenter des symptômes de destruction; c'est-à-dire, qu'ils étaient moisis, et que des champignons avaient commencé à se montrer dessus.

D. — C'était le bois non préparé?

R. — Oui.

D. — Et la toile préparée, en quel état se trouvait-elle?

R. — Parfaitement saine.

D. — Et le bois préparé?

R. — Il ne présentait pas le moindre symptôme de destruction.

D. — Il n'y avait pas de symptôme apparent de destruction?

R. — Non.

D. — Les pièces non préparées présentaient-elles quelque diminution de force pour autant que vous avez pu en juger?

R. — La toile non préparée était si complétement pourrie, qu'on pouvait la mettre en pièces avec le doigt; mais nous n'avons pas appliqué cet essai au bois de construction, parce que sa décomposition n'était pas assez avancée pour cela.

D. — Ce sont les expériences faites par vous en 1844?

R. — Oui.

D. — Plus tard, en 1846, avez-vous fait quelques expériences avec le professeur Brande?

R. — Oui.

D. — Quel a été le résultat de ces expériences?

R. — A peu près le même, sauf que ces échantillons ont été examinés plus longtemps: le bois avait, vers cette époque, des champignons sur lui, et était devenu en apparence tendre à l'extérieur.

D. — Vous avez fait encore plus tard des expériences avec M. Glass?

R. — Récemment.

D. — Quel était le but de ces expériences?

R. — Le but était de rechercher si le chlorure de zinc, qui avait été appliqué à ces échantillons, s'y trouvait encore; s'il existait dans les échantillons anciens comme dans les nouveaux. Il y en avait de nouvellement préparés; il y en avait d'autres, tels des cubes de pavage, parmi les échantillons de bois, qui avaient été posés depuis plus de six ans; il y avait aussi des pilotis qui avaient été exposés à l'action de l'eau. Nous les avons examinés pour voir si une portion de chlorure de zinc ou de zinc était encore restée en combinaison dans le bois.

D. — Le succès des expériences ou du procédé dépend-il, dans votre opinion, de la formation d'un composé insoluble de zinc?

R. — C'est ce que je crois ; c'est là mon opinion.

D. — Est-ce, selon vous, un composé insoluble de la matière albumineuse contenue dans les végétaux avec le zinc?

R. — Je ne peux pas dire exactement une combinaison avec la matière albumineuse, mais bien avec les sucs naturels qui existent à l'intérieur de la structure tubulaire des végétaux.

D. — Était-ce là l'objet de vos expériences?

R. — Oui.

D. — Nous arrivons maintenant à vos expériences sur la sciure de bois.

R. — Elles avaient pour but d'obtenir une grande surface exposée à l'action du chlorure de zinc, et de déterminer si l'admission en aurait lieu immédiatement, ou s'il faudrait plus de temps ; et aussi si, après que la combinaison aurait été accomplie, on pouvait, par l'exposition de cette grande surface à l'eau, chaude ou froide, enlever entièrement de ces corps le chlorure de zinc.

D. — Je crois que vous connaissez différents autres procédés, et entre autres celui par le sublimé corrosif?

R. — Oui.

D. — Avez-vous fait quelques recherches comparatives sur les résultats que donnent le sublimé corrosif et le chlorure de zinc?

R. — Oui.

D. — Les avez-vous essayés tous deux sur de la sciure de bois?

R. — Non pas sur la sciure. Mais mon attention s'était portée déjà auparavant sur les effets du sublimé corrosif, par suite de cette circonstance qu'on avait frappé dans le port de Douvres un pilotis qui, m'a-t-on dit, avait été Kyanisé, et c'est ce que je crois; ce pilotis avait été arraché, et portion m'en avait été soumise pour l'examiner, afin de voir si une portion de la matière kyanisante était restée dans le corps du bois; car ce pieu était complétement vermoulu, et tellement décomposé qu'on pouvait très-aisément le mettre en morceaux avec le doigt, de sorte que l'on supposait que tout le chlorure de mercure, c'est-à-dire le sublimé corrosif, avait dû être lavé par l'action prolongée de l'eau de mer.

D. — C'était le procédé employé pendant un certain temps pour la conservation du bois?

R. — C'est le système pour lequel M. Kyan était breveté.

D. — Vous a-t-il paru d'après vos expériences, que le composé avait disparu, ou n'en avait-il disparu qu'une partie ?

R. — Il ne restait pas de traces du sublimé corrosif restant dans le bois.

D. — Etait-ce avant le présent brevet?

R. — Oui, c'était le brevet Kyan.

D. — Je crois qu'un nommé M. Dempster était propriétaire d'un procédé?

R. — M. Dempster est venu avant M. Kyan.

D. — Le brevet Kyan était pour le bois, et le brevet Dempster pour les cordages et la toile?

R. — Je pense, si je ne me trompe pas, que le breveté se nommait Dempster; — c'était entièrement pour les cordages et la toile. — Je pense pour la toile seulement ; — je n'en suis pas bien certain.

D. — Revenons au résultat de vos expériences. Le résultat en a-t-il été qu'une partie du composé insoluble était restée?

R. — Le chlorure de zinc y était resté, en quelques cas, en quantité extraordinairement petite, mais encore suffisante : il avait rempli ses fonctions ; cependant il en restait encore assez pour conserver le bois, pendant un temps quelconque, — aussi longtemps qu'il y resterait, ou, à ce que je crois, indéfiniment.

Sir Stephen Lushington. — Après avoir été exposé à l'eau ?

R. — Oui, Milord.

D. — Combien de temps?

R. — Il y avait un échantillon, qui, à ce que je crois, avait appartenu à un pilotis battu depuis six ans; il avait chaque jour été lavé par la marée, car il avait fait partie d'une jetée soumise à la marée tous les jours, et par suite, elle l'avait lavé constamment; or, quoique la partie extérieure des pilotis, partie que l'on avait enlevée pour que nous la soumissions aux expériences, eût été soumise à l'action de l'eau, dans cette même partie extérieure, nous avons trouvé qu'il restait dans le bois des traces abondantes de zinc.

M. Webster. — C'est là le résultat qu'ont donné les expériences comparatives faites sur le pilotis?

R. — Oui.

D. — Je vous parlais des expériences faites sur de la sciure de bois, afin d'avoir une surface plus étendue; quel en a été le résultat?

R. — Une certaine quantité de sciure de bois a été prise à une scierie; de la sciure de bois ordinaire. On l'a imbibée de chlorure de zinc, dans les proportions recommandées par sir William Burnett dans son Mémoire descriptif: après avoir été soumise au traitement prescrit, on l'a lavée pendant longtemps avec de l'eau: d'abord de l'eau froide, puis de l'eau distillée bouillante, jusqu'à ce que les eaux de lavage, passées par un filtre et placée ensuite dans un entonnoir, eussent cessé de présenter la moindre trace de zinc sous l'influence des réactifs les plus sensibles. Alors nous avons conclu que tout ce qu'il y avait de zinc soluble avait été enlevé à la sciure de bois par les lavages à l'eau froide, et ensuite par les lavages à l'eau bouillante. Ensuite la sciure de bois a été séchée et soumise au procédé chimique en usage pour la découverte du zinc; or dans tous les cas que nous avons expérimentés (et le nombre en a été considérable), nous avons trouvé dans les cendres ou produits de ces corps, une certaine quantité d'oxyde de zinc.

D. — Au sujet de ces expériences sur la sciure de bois fraîche, avez-vous retrouvé de l'oxyde de zinc dans la sciure de bois fraîche?

R. — Les expériences citées plus haut avaient pour but de déterminer si l'imbibition pouvait avoir lieu sur de la sciure de bois fraîche, combien de temps il faudrait pour cela, et si après les lavages et le traitement par l'eau bouillante, nous pourrions le retrouver en entier.

D. — En supposant que le corps que vous recherchiez était un composé insoluble?

R. — En supposant que le corps recherché fût un composé insoluble, et en étudiant le temps que ce composé insoluble prendrait pour se former.

D. — Maintenant je crois que le sublimé corrosif essayé avec de la sciure de bois en avait complètement disparu?

R. — Oui, il avait disparu; nous avons aussi fait des essais avec de l'albumine, du blanc d'œuf; nous avons trouvé qu'il se combinait à un haut degré avec l'albumine.

D. — Le sublimé corrosif?

R. — Oui; mais nous avons trouvé, par des lavages prolongés, que le sublimé corrosif en était enlevé, et que l'albumine restait seule.

D. — Le résultat de toutes les expériences que vous avez tentées avec le chlorure de zinc, a-t-il été que vous avez trouvé que la combinaison formée avec le chlorure de zinc était insoluble et permanente, tandis que la combinaison avec le sublimé corrosif était soluble et se décomposait?

R. — Oui, mais il a fallu beaucoup de temps pour y arriver.

D. — Cela peut-il rendre compte du succès d'un procédé et de l'échec de l'autre?

R. — Oui.

D. — Je suppose que vous avez aussi réduit en sciure quelques parties de bois Burnettisé?

R. — Oui; des cubes de pavages qui avaient été enlevés, je ne sais pas d'où, ont ensuite été réduits en sciure; et cette sciure a été traitée de la même manière que celle que nous avions préparée nous-mêmes, c'est-à-dire soumise d'abord à un lavage à l'eau froide, puis à l'action de l'eau bouillante. Dans tous ces cubes de pavage, qui étaient restés posés pendant un certain nombre d'années, j'ignore dans quel endroit, nous avons trouvé, après les avoir soumis précisément au même traitement que j'ai indiqué plus haut, qu'il restait des preuves évidentes de la présence du zinc, que l'on retrouvait après que le corps végétal avait été soumis à l'analyse par le feu.

D. — En opérant sa combustion d'une certaine manière?

R. — Oui, d'une certaine manière; pas à un feu ordinaire.

D. — Je crois que le chlorure de zinc jouit aussi de la propriété d'empêcher de s'enflammer le bois qui a été soumis à la Burnettisation?

R. — Il ne produit pas de flamme. Il y a une quantité de charbon dans ce bois; il brûle comme du charbon de bois; il ne jette pas de flamme.

Sir F. Thesiger. — J'ai ici plusieurs morceaux de toile sur lesquels vos Seigneuries remarqueront l'effet de ce procédé. Celle qui a été Burnettisée ne produira pas de flamme, tandis que celle qui ne l'a pas été en donnera.

*(Sir Frederick Thesiger montre maintenant à Leurs Seigneuries les effets de l'inflammation sur deux petits morceaux de toile, l'un Burnettisé, l'autre non Burnettisé.)*

M. Webster *(au témoin)*. — Vous expliquiez l'effet du procédé en ce que la matière albumineuse de la toile ou du bois se trouvait convertie en un composé insoluble; je crois que la dissolution doit être plus concentrée pour empêcher la combustion que pour produire simplement la conservation?

R. — Je n'ai pas fait d'expériences à cet égard.

D. — Vous avez parlé de vos expériences sur le bois. Vous en avez fait aussi, à ce que je crois, sur de la toile, des cordages, du merlin et du fil à coudre que l'on emploie pour faire les voiles?

R. — Ces expériences ont été faites dans le but de constater comment le chlorure de zinc se comportait dans ces matières, telles que toile, chanvre et fil; de voir si l'action du chlorure de zinc sur ces matières ne leur était pas nuisible, car un doute, à ce sujet, avait été exprimé il y a quelques années.

D. — Relativement à leur force?

R. — C'est seulement relativement à leur force que l'on s'était demandé, il y a quelques années, si le chlorure de zinc n'était pas un corps trop caustique pour agir sur des matières d'une nature plus délicate que le bois; si le ligneux qui les constitue ne subirait pas quelque altération dont leur force serait affectée. Ces expériences ont donc été faites dans le but de déterminer jusqu'à quel point les cordages, le fil, et autres objets d'une nature analogue, étaient affectés dans leur force par l'action du chlorure de zinc. A cet effet, nous nous sommes rendus dans le chantier d'un cordier qui possédait un appareil réellement très-bon, pour constater quelle était la force de ces objets. Nous avons soumis à cet appareil les divers objets que nous voulions examiner, c'est-à-dire de la toile, du fil et d'autres objets analogues; et nous avons trouvé, en prenant la moyenne d'un grand nombre d'expériences, — je ne me rappelle plus combien, — qu'il y avait en moyenne un léger accroissement de force dans tous les cas où le chlorure de zinc avait été appliqué. Ainsi, en comparant le fil à coudre, ou la toile avec du fil à coudre ou de la toile du même numéro, nous avons trouvé augmentation dans la force plutôt que diminution. C'était peu de chose, mais plus qu'il n'en fallait pour nous convaincre qu'il n'y avait aucune altération nuisible à la force.

Sir Stephen Lushington. — Pouvez-vous nous rendre compte de ce fait?

R. — Je pense que je le peux, Milord. Il résulte de toutes les expériences que j'ai faites que la matière éprouve une condensation, si je peux employer ce mot; que l'ensemble de la matière éprouve un léger rétrécissement; et par conséquent, s'il en est ainsi, il doit y avoir augmentation de force. Je crois que la pièce de bois qui se trouve auprès de Votre Seigneurie, et que j'ai déjà vue, pourra prouver ce fait. Cela m'a frappé la première fois que je l'ai vu. En regardant ce bout-ci ou un quelconque des deux bouts, mais surtout celui-ci (*le témoin indique l'échantillon de bois soumis aux juges*), Vos Seigneuries remarqueront que dans ce bois, qui a été Burnettisé, la sève, les couches, les cercles annulaires, sont assez prééminents, ce qui montre que la matière existant entre ces parties annulaires s'est resserrée.

M. Webster. — Ainsi, selon vous, le résultat de vos expériences sur les cordages sont qu'il n'y a pas détérioration, et qu'au contraire il y aurait accroissement de force?

R. — Non, il n'y a pas détérioration, j'en suis convaincu. Et comme les expériences que j'ai faites sont en grand nombre, elles indiquent, en moyenne, qu'il y a un accroissement de force d'à peu près 2 pour 0/0, à ce que je crois.

D. — Je pense que vous avez pu faire cette constatation mieux sur du fil à coudre?

R. — Avec du fil qui sert pour coudre les voiles.

D. — Avez-vous déterminé l'accroissement de force dans ce cas?

R. — Je peux vous le donner.

D. — Je crois qu'il était d'environ 14 pour 0/0?

R. — Je crois qu'oui.

D. — Vous avez fait aussi des expériences sur de la sciure de pin jaune récemment Burnettisée?

R. — Ce sont celles dont j'ai parlé, ce sont les expériences sur la sciure de bois dont j'ai parlé; on l'avait prise dans une scierie — Non, je crois que je me trompe : je pense que c'était de la sciure de bois préparée exprès.

D. — Il paraît aussi que vous avez fait quelques expériences pour déterminer la quantité d'oxyde qui était absorbée?

R. — Pour déterminer la quantité d'oxyde absorbée après l'application du procédé, puis après la combustion et la destruction du corps.

D. — Le résultat de toutes vos expériences a-t-il été de vous convaincre, comme vous l'avez déjà remarqué, que le fait était que le chlorure de zinc se combinait instantanément avec la matière végétale?

R. — Oui.

D. — Et que c'est à cela que l'on doit le prolongement de conservation?

R. — Oui. La combinaison s'opère instantanément, et une fois qu'elle est faite, vous ne pouvez plus la détruire par l'action de l'eau. Il n'y a, selon moi, que la quantité superflue que l'on a employée, qui est emportée par les lavages. Je crois que tout ce qu'il en faut pour la conservation du bois y reste.

D. — Tout ce qui s'est combiné y reste?

R. — Tout ce qui s'est combiné y reste; et, dans mon opinion, c'est à cette partie combinée que l'on doit attribuer la conservation.

(*Le témoin est invité à se retirer.*

*Ensuite M. John Edye, membre de la Société Royale, prête serment. Il est interrogé par sir F. Thesiger.*)

D. — Vous êtes inspecteur adjoint de la Marine Royale?

R. — Oui.

D. — Y a-t-il longtemps que vous connaissez l'application au bois et à la toile de ce que l'on appelle le procédé au chlorure de zinc?

R. — Oui.

D. — Je crois que vous savez qu'on en avait posé dans la maison du garde à Chatham?

R. — Oui.

D. — Combien de temps y a-t-il?

R. — Je crois que la pose a eu lieu en 1838. Je l'ai vu vers l'année 1842.

D. — Ainsi, comme on l'avait posé en 1838, il y était resté pendant quatre ans?

R. — De 1838 à 1842. Je m'y suis rendu exprès pour voir le résultat.

D. — Je crois qu'on avait posé les planches alternativement?

R. — Oui, par planches alternant.

D. — Préparées et non préparées?

R. — Oui.

D. — Quel a été le résultat?

R. — Le résultat a été que la partie du plancher qui avait été Burnettisée était parfaitement saine, tandis que celle qui n'avait pas été Burnettisée était totalement gâtée, et a été enlevée. La partie Burnettisée a été posée de nouveau avec de nouvelles planches non préparées, et il paraîtrait que depuis lors, ces dernières se sont pourries et ont aussi été enlevées, tandis que les planches Burnettisées sont restées parfaitement saines.

D. — Je pense que vous avez vu ce procédé appliqué dans différents cas: à du bois et à de la toile?

R. — Oui.

D. — Avez-vous vu quelques circonstances où il n'ait pas réussi?

R. — Je n'ai jamais vu, directement ni indirectement, détruites ou couvertes de champignons les parties qui avaient été Burnettisées, tandis que les autres parties paraissaient parfaitement gâtées.

D. — Avez-vous fait vous-même des expériences sur de la toile préparée et non préparée?

R. — Je n'en ai pas fait.

D. — Avez-vous vu des expériences comparatives, si je peux employer cette expression, entre du bois et de la toile préparés et non préparés?

R. — Oui.

D. — Est-ce, à votre avis, une découverte utile?

R. — Je pense que oui: il faut d'ailleurs beaucoup de temps pour déterminer exactement son mérite. Je puis dire, que dans l'étendue dans laquelle on l'a expérimentée, elle a été très-avantageuse pour le gouvernement; et non-seulement elle a été avantageuse pour le gouvernement, mais encore pour tout individu faisant construire une maison ou un navire.

D. — Votre opinion, produite par le résultat des expériences dont vous avez été témoin et des avantages qui ont été constatés jusqu'à présent, est-elle que c'est une découverte fort utile?

R. — Pour autant que je peux en juger, je pense qu'il en est ainsi, surtout dans de grands navires. — Nous opérons maintenant la saturation de tout le bois de construction pour la marine ; mais il faudra plusieurs années pour en constater les effets.

D. — Vous ne faites que de commencer à l'employer ?

R. — Oui ; je suppose que d'ici à dix ou douze ans, la preuve sera convaincante.

(*Le témoin est invité à se retirer.*)

SIR F. THESIGER. — Peut-être, Milords, c'est maintenant le moment de donner lecture de quelques lettres de l'Amirauté. (*Sir Frederick Thesiger lit une lettre de l'administration de l'Amirauté, datée du 19 juillet 1847.*) L'autre lettre, Milords, est du 9 septembre 1847.

LORD CRANWORTH.— Est-ce celle adressée à sir William Burnett ?

SIR F. THESIGER. — Non, Milords, elle est adressée au lieutenant Jackson, secrétaire du brevet. (*Sir Frederick Thesiger lit la lettre du 9 septembre 1847.*) Enfin, Milords, voici une autre lettre ; c'est la dernière avec laquelle je fatiguerai Vos Seigneuries ; elle est du 24 juin 1851, et adressée à sir William Burnett lui-même. (*Sir Frederick Thesiger lit la lettre du 24 juin 1852, écrite par l'Amirauté.*)

(*M. William Glass prête ensuite serment. Il est interrogé par M. Webster.*)

D. — Vous êtes chimiste de profession ?

R. — Oui.

D. — Est-ce que vous avez pris part aux expériences mentionnées par M. Cooper ?

R. — Oui, c'est moi.

D. — Avez-vous entendu sa déposition ?

R. — Oui.

D. — Etes-vous d'accord avec elle ?

R. — Oui.

D. — M. Cooper a parlé de quelques expériences ; mais, outre cela, vous avez aussi fait des expériences (et je crois sur quelques-uns des échantillons présentés au tribunal) sur du bois, de la toile, du canevas, des lainages, de la soie et autres objets préparés et non préparés ?

R. — J'avais préparé moi-même ces objets.

D. — Je crois qu'on a écrit sur les échantillons ce qu'ils sont ?

R. — Ils devaient venir à l'appui d'expériences faites par M. Cooper et par moi. La matière colorante y a été appliquée pour montrer là où il y a présence de l'oxyde de zinc. Les deux premières rangées non coloriées sont des substances dans leur état primitif ; la seconde rangée est Burnettisée ; la dissolution ne l'a point décolorée ; la quatrième rangée est Burnettisée, teinte avec la même dissolution, au même état de saturation ; mais vous remarquerez que le degré de coloration est fort différent.

D. — Ces échantillons montrent-ils, par l'application de la couleur, l'exactitude des faits énoncés par M. Cooper, au sujet de l'insolubilité du composé ?

R. — Oui.

D. — Et ils rendent évidente la grande différence entre ces diverses substances, que l'on peut expliquer par sa théorie ?

R. — Oui : dans la seconde collection, on voit tous les échantillons qui ont passé par les lavages : la première rangée se compose de matières non Burnettisées ; on voit que la coloration a complétement disparu par l'action des lavages ; dans la seconde rangée se trouvait les matériaux Burnettisés ; on voit que les couleurs ne diffèrent pas de celles des échantillons de la première collection qui eux n'ont pas été lavés. La troisième rangée présente des objets Burnettisés, lavés avant d'avoir été peints ; la quatrième rangée, les mêmes objets, lavés après avoir été peints. Dans tous ces échantillons, la couleur est la même pour ceux qui ont été Burnettisés.

LORD CRANWORTH. — Cela n'explique pas le principe dont la découverte est partie ?

R. — C'est pour éclaircir les expériences faites par M. Cooper et par moi, c'est-à-dire, l'insolubilité du composé qui se forme par le procédé Burnett.

(*Le témoin est invité à se retirer.*
*Ensuite se présente M. Henry Upton.*)

SIR K. BRUCE. — De quoi s'agit-il ?

SIR F. THESIGER. — C'est l'administrateur du colonel Wyndham, pour prouver que ces lattes ont été prises dans l'intérieur d'une chambre du château de Petworth.

SIR K. BRUCE. — Je suppose que l'utilité et la valeur de ce brevet ne sont pas contestés ?

M. **Webster.** — Je ne le pense pas, Milord.

**Sir K. Bruce.** — Je pense que nous croyons tous qu'il y en a bien assez, si les comptes sont satisfaisants.

**Sir S. Lushington.** — Nous sommes tous convaincus que c'est une invention très-utile.

**Sir F. Thesiger.** — C'est, Milord, ce que je crois comprendre.

(*Ensuite le teneur de livres du brevet sir W. Burnett produit les livres et les pièces justificatives des comptes, qui sont examinés par Leurs Seigneuries, pour connaître le montant des bénéfices qu'en a tiré le requérant.*)

**Sir F. Thesiger.** — Après l'invitation que nous avons déjà reçue de Vos Seigneuries, je ne pense pas devoir prendre votre temps plus longtemps. Je regarde donc la cause comme exposée au nom du requérant.

**Sir Stephen Lushington.** — Avez-vous, Monsieur l'avocat général, quelques objections à présenter ?

**Le Procureur général.** — Non, Milord : je n'ai rien à objecter contre la prolongation du brevet, si Vos Seigneuries jugent à propos de l'ordonner, je m'en remets en tout à ce que vous croirez devoir décider.

**Sir Knight Bruce.** — La requête contient-elle une demande de prolongation d'égale durée ?

**Sir F. Thesiger.** — Oui, Milord ; pour toute la durée de 14 ans.

(*Le Conseil et les parties sont invités à se retirer.*

*Au bout d'un certain temps le Conseil et les parties sont rappelés.*)

**Sir Stephen Lushington.** — Leurs Seigneuries informeront S. M. que le présent brevet devrait être renouvelé pour une intervalle de sept ans.

---

Ce qui suit est la substance de la déposition écrite que le commandant Fréd. W. R. Sadler, de la Marine Royale (qui était présent), était prêt à faire sous serment devant le Comité Judiciaire du Conseil Privé, ainsi qu'il l'a certifié :

Qu'il est commandant dans la Marine Royale ; que précédemment il était maître-surveillant adjoint dans le chantier de Portsmouth pendant quatre ans, puis maître-surveillant à Chatham pendant cinq ans ; que pendant qu'il a exercé ces charges il a eu beaucoup d'occasions de constater les qualités conservatrices du bois et de la toile du procédé Burnett ; qu'en aucun cas ce procédé n'a échoué pendant son inspection ;

Qu'à l'égard de la toile, il en a suivi l'application très-attentivement, et qu'il est certain que le procédé, soit qu'on l'applique à la toile avant d'en faire des voiles, des tentes, etc., soit qu'on l'applique à ces objets mêmes, a toujours produit l'effet voulu, en empêchant le blanc et la destruction prématurée, tandis que le même temps suffisait pour la destruction de la toile et du bois non préparés ;

Qu'il a aussi jugé qu'il était de son devoir d'en recommander l'application au chanvre pour cordages, surtout quand il doit servir d'objet d'approvisionnement à l'étranger, dans des pays humides ;

Que son opinion constante, fondée sur plusieurs années d'expérience, est que ce procédé a une grande utilité générale ; qu'il aura pour effet de produire une économie immense dans les approvisionnements de toute nature de la marine, auxquels on peut l'adapter ;

Qu'il ne peut pas dire quelle est la quantité de toile consommée par la Marine Royale, mais qu'elle est immense ;

Qu'il pense que par ce procédé on obtient une économie au moins du tiers sur la toile ; et il arrive à cela par l'observation de quelques cas très-remarquables ; par exemple, les allèges du chantier, qui sont toute l'année employées sur les côtes, sont parfois forcées, pendant l'hiver, de rester quinze jours ou trois semaines sans détacher leurs voiles ; dans de telles circonstances les voiles Burnettisées n'ont jamais été attaquées par le blanc, tandis que celles non préparées ont, sans exception, été endommagées par le blanc ou la rouille.

Quand il était maître d'équipage du *Windsor Castle*, de 80 canons, ce navire est resté pendant onze mois dans le Tage, et a eu ses voiles pliées la plus grande partie du temps ; en quittant la station, il a trouvé que tous les huniers étaient détruits par l'effet de la chaleur et de la rosée, qui avaient donné naissance au blanc. Cela l'a obligé à couper une grande partie de la toile ; et dans son opinion cela ne serait pas arrivé si le procédé en question avait été connu et employé.

Qu'il a eu sous son inspection et sa surveillance de grandes quantités de toile essayées de toutes sortes de manières préjudiciables à leur conservation, et, dans tous les cas, le procédé a préservé cet article des effets de l'humidité, de la rouille et d'une destruction prématurée ; qu'il a fait son rapport en ce sens, en qualité de maître-inspecteur, à l'amiral et aux capitaines surintendants d'alors ;

Qu'il a fait aussi beaucoup d'autres rapports depuis lors à différents officiers sous lesquels il a servi dans le chantier de Chatham, car il a cru de son devoir d'appeler l'attention sur cet objet ;

Que cette opinion demeure sa conviction immuable.

« J'étais prêt à faire sous serment la déclaration qui précède, si j'avais été interrogé devant le Comité Judiciaire. »

Sonthsea, le 15 février 1852.

Signé, F. W. R. **Sadler.**

---

Ce qui suit est en substance la déclaration que M. **Henry Upton** (qui se trouvait présent) était prêt à faire sous serment devant le Comité Judiciaire du Conseil Privé, ainsi qu'il l'a certifié dans sa lettre à M. Jackson, en date du 16 février 1852 (*) :

Qu'il est architecte du colonel Wyndham, à Petworth Park, et qu'il remplissait les mêmes fonctions chez feu le comte d'Egremont ; qu'il a fait usage pendant huit ans du procédé de sir William Burnett, et l'a beaucoup expérimenté, en s'en servant pour préparer des planches d'aubier de chêne, de sapin anglais, de hêtre et d'autres bois de construction susceptible d'être attaqués par les vers ; qu'en 1845 il a été construit un appareil hydraulique pour la conservation du bois, à Petworth ; qu'il a d'abord employé la préparation de sublimé corrosif de Kyan ; mais que celle de sir William Burnett a été trouvée moins coûteuse et moins nuisible aux ferrures ; qu'il a essayé la dissolution de sir William Burnett spécialement sur des lattes d'aubier de chêne (partie extérieure, auprès de l'écorce), et qu'il a mis des lattes préparées et non préparées dans une chambre non finie du château de Petworth ; que toutes celles qui étaient Burnettisées sont restées dures et saines, tandis que le reste (non préparé) a été réduit presque en poudre et vermoulu ;

Qu'il a fait grand usage du procédé de sir W. Burnett jusqu'à ce moment, et qu'il rend témoignage de son efficacité extraordinaire.

---

Ce qui suit est en substance la déposition que M. **Abraham Lévy Bensusan** (qui était présent) était prêt à faire sous serment devant le Comité Judiciaire du Conseil Privé.

Qu'il est propriétaire du brevet Vauchers, pour les tuyaux mécaniques tissés pour les pompes à incendie et celles des navires, dont l'emploi et les usages sont fort étendus ; qu'ils éprouvaient une très-grande usure généralement quand ils étaient mouillés (comme ils le sont continuellement), puis qu'on les laissait à sec ; qu'ils éprouvaient ainsi les attaques du blanc, et tombaient en morceaux.

Souvent on s'en plaignait ; qu'il a en conséquence été engagé à essayer de différents procédés (entre autres de celui de sir William Burnett), pour pouvoir porter remède à ce mal, et qu'il a trouvé que ce dernier procédé conviendrait

---

(*) (Copie) « Petworth Park, le 16 février 1852.

» Mon cher Monsieur,

» Je vous envoie ci-inclus la copie de la déposition remise à M. Robert Ellis, et que j'avais l'intention de faire devant le Comité Judiciaire du Conseil Privé ; je vous autorise à la publier si vous le croyez nécessaire. Signé, H. Upton.

» A Monsieur C. S. Jackson. »

à ses buts bien mieux qu'aucun autre, par son aspect propre ; c'est pourquoi il l'a essayé en mettant une pièce de tissu préparé et une pièce de tissu non préparé pendant cinq à six mois dans une cave humide, et, à l'expiration de ce temps, il les a examinées, et il a trouvé que la pièce non préparée tombait en morceaux par suite de la rouille, tandis que celle préparée se trouvait en bon état. C'était vers l'origine du brevet, et par suite de sa conviction dans l'efficacité du brevet de sir W Burnett, il l'a continuellement recommandé, et il a généralement été adopté; d'autant plus que plus des neuf dixièmes des ventes effectuées par lui ont été préparées par ce procédé. Il est d'un grand avantage dans les climats chauds pour le protéger contre les attaques des insectes.

Chappel-Court, 17 février 1851.

Mon cher Monsieur,

J'ai l'honneur de vous remettre la substance de la déposition que j'étais prêt à faire devant le Comité Judiciaire du Conseil Privé, si j'avais été appelé. Vous êtes parfaitement autorisé à la publier de la manière que vous croirez la meilleure dans l'intérêt de votre brevet, étant convaincu, comme je le suis, de son efficacité pour l'application mentionnée ci-dessus.

Je suis, Monsieur, votre obéissant serviteur,

Signé, A. L. Bensusan.

A Monsieur C. S. Jackson.

---

*Extrait d'un rapport contenu dans le* Chemical Record, *sur une leçon sur les Fibres ligneuses faite à l'Institution Royale, le 6 mars* 1852, *par le professeur Brande (corrigée sur des notes remises par le professeur au rapporteur).*

La chimie du bois, remarqua le professeur, nous amène dans un vaste champ ouvert aux recherches. J'y ai déjà fait allusion dans le groupe où je place sa composition définitive; en s'y référant, ses différentes transformations et celles congénériques seront plus intelligibles.

La fibre ligneuse est, par sa nature, l'opposé des membranes animales organiques, en ce sens qu'elle a une composition ternaire et non quaternaire; l'azote, par le fait, en est absent. La fibre ligneuse, ou le ligneux, considérée sous le rapport chimique, est simplement le résidu que l'on a en exposant la sciure de bois, le coton, le lin, etc. à l'action des divers dissolvants.

On pourrait prendre la sciure de bois, le lin, le chanvre, le coton, etc., comme exemple du ligneux ou de la fibre ligneuse ; puis le professeur passe à l'explication des propriétés chimiques de la substance.

Exposée à la chaleur avec admission de l'air, la lignité brûle complétement, en ne laissant que peu de cendres inorganiques. Cependant, chauffée en vase clos, son hydrogène et son oxygène, avec une portion de charbon, à différents degrés de combinaison, s'échappent en laissant un résidu de charbon de bois.

A ce propos, M. Brande a décrit la fabrication de l'acide pyroxilique, du goudron de bois, de la créosote et des autres produits de la distillation du bois. Il est aussi entré dans des détails sur la fabrication du papier, qui amène la fibre ligneuse à l'état de feuilles minces.

Dans l'eau, le ligneux est insoluble ; à l'air sec il n'est pas non plus sujet à de grandes altérations; mais exposé à des alternatives de chaleur et de froid, d'humidité et de sécheresse, il est sujet à être détruit. Il existe deux variétés de destruction, la pourriture sèche et humide. De plus, les insectes sont fort destructeurs du bois en y pénétrant et en détruisant sa contexture. Les meilleurs moyens d'empêcher ces résultats consistent à imprégner le bois avec une dissolution métallique. La solution Kyan est du bichlorure de mercure ou sublimé corrosif, substance qui est vénéneuse à un haut degré, très-chère, et difficile à être mise en pratique. La méthode de sir William Burnett, remarque le professeur, qui emploie une dissolution de chlorure de zinc, est de beaucoup préférable. Le professeur procède maintenant à citer divers exemples très-extraordinaires de l'action conservatrice du chlorure de zinc, et exprime sa grande surprise de ce que l'emploi d'un moyen de conservation si efficace ne soit pas plus général.

2

En présence de ces exemples, observe le professeur, il est fort extraordinaire, pour ne pas dire plus, que les architectes et tous ceux qui ont à employer du bois, ne profitent pas d'un moyen qui est si bien à leur portée pour éviter les effets désastreux de la pourriture sèche et humide. Le fait que l'on évite ces deux agents de destruction, devrait suffire à les engager à le mettre à profit; mais si j'ajoute que le procédé en question entraîne l'incombustibilité du bois et des tissus auxquels on l'applique, notre étonnement sera encore plus grand.

*Remarques de l'éditeur du* Chemical Record, *sur la leçon du professeur Brande, relativement au brevet de sir W. Burnett.*

On trouvera dans notre rapport sur la leçon du professeur Brande, sur le ligneux ou la fibre ligneuse, un extrait de l'opinion de ce monsieur sur les avantages extrêmes du chlorure de zinc comme agent conservateur. Non-seulement il a rappelé les preuves les plus concluantes de son action préservatrice, mais il a en outre démontré d'une manière très-remarquable sa propriété de produire l'incombustibilité. C'est avec justice que M. Brande a exprimé sa profonde surprise de voir la négligence mise par nos architectes et par un grand nombre de nos constructeurs de navires, à profiter des avantages présentés par cette matière. Les remarques et l'opinion de M. Brande et d'autres chimistes distingués, relativement à la Burnettisation, ne peuvent pas être publiées et livrées à la connaissance de tous. Son pouvoir est hors de doute, son mode d'application est aisé, la substance est à bon marché, l'étendue de ses applications paraît illimitée, soit pour l'usage qu'on en peut faire dans l'architecture navale, soit dans les constructions en bois et les charpentes des édifices.

Nous avons été engagés à faire ces remarques dans le but de mettre clairement devant le public toute l'étendue du mérite et de l'utilité de la découverte de sir W. Burnett. Au lieu de nous étendre nous-même sur ce point, nous allons donner maintenant à nos lecteurs un extrait des preuves qui confirment tout le degré d'importance de cette découverte, preuves qui ont été dernièrement produites devant le Comité Judiciaire du Conseil Privé (*).

---

(*) Voir pages 5 à 15.

# ATTESTATIONS

ETC.

---

### DE M. S. PETO, MEMBRE DU PARLEMENT.

3, Great George street, Westminster, le 3 janvier 1849.

Monsieur,

En réponse à votre demande de renseignements sur quelques traverses qui ont été préparées pour moi par le procédé de sir William Burnett, et posées en 1841, sur une des lignes de chemin de fer exécutées par moi, j'ai l'honneur, de vous informer qu'elles sont présentement tout aussi saines qu'à l'époque où elles ont été posées, tandis que celles non préparées, qui se trouvaient posées auprès d'elles, à la même époque, sont tout à fait détruites.

Je suis, Monsieur, votre, etc.

Signé, S. M. PETO.

Au lieutenant Jackson, secrétaire du brevet Burnett.

---

*Sur l'état des traverses Burnettisées, en* SAPIN D'ÉCOSSE, *sur le chemin de fer Eastern Counties, après Dix Années de pose.*

Eastern Conntíes Railway office, Bishopsgate station, Londres, 14 janvier 1851.

Monsieur,

Relativement à votre lettre du 3 courant, j'ai l'honneur de vous informer, à titre de renseignement pour les propriétaires du brevet de sir William Burnett, que les traverses en sapin écossais préparées par ce procédé et posées au mois de mai 1841, ainsi que cela est certifié par M. Peto, sur la ligne du chemin de fer de cette Compagnie, entre Roydon et Burnt Mill, viennent d'être examinées par le surintendant des travaux, et qu'il a rapporté qu'elles sont parfaitement saines.

Je suis, monsieur, votre, etc.

Signé, C. P. RONEY, secrétaire.

A M. Jackson, lieutenant de la Marine Royale, bureau du brevet de sir William Burnett, 53, King William street, London Bridge.

---

Eastern Counties Railway, Office, Bishopsgate station, Londres, le 9 mai 1851.

Monsieur,

En me référant à votre lettre du 20 janvier dernier, je suis invité par les directeurs à vous informer qu'ils ont résolu d'appliquer le procédé de sir William Burnett aux traverses (qui sont en magasin, et non encore créosotées), dont on aura besoin pour les réparations de la ligne de cette Compagnie, qui vont être maintenant commencées entre Stratford et Stortford.

Vous voudrez bien vous mettre en communication pour cela avec M. Ashcroft, surintendant des travaux de la Compagnie.

Je suis, monsieur, votre, etc.

Signé, C. P. RONEY, secrétaire.

Au lieutenant Jackson, bureau du brevet de sir William Burnett, 53, King William street, London Bridge.

*N. B.* Des échantillons des traverses mentionnées ci-dessus ont été exposés sous verre, dans la galerie S. O. de la Grande Exposition, ainsi qu'une portion de traverse non préparée, placée à côté d'elles à la même époque, avec d'autres preuves de l'efficacité du procédé breveté. (Section des Matières Brutes, classe 4, nº 7, de la classification de l'Exposition.)

---

*De M. R. B. Dockray, ingénieur civil.*

Chemin de fer London and North Western, bureau de l'ingénieur, station d'Euston, le 14 août 1848.

Monsieur,

En réponse à votre demande en renseignements touchant l'état des traverses sur l'embranchement de Petersborough, qui avaient été préparées d'après le procédé de sir William Burnett, j'ai l'honneur de vous informer que nous n'avons pu en trouver que trente, que nous avons pu reconnaître pour avoir été ainsi préparées; elles sont toutes parfaitement saines, et elles ont été posées depuis environ six ans.

Votre tout dévoué,
Signé, Robert B. DOCKRAY.

A M. Jackson, 53, King William street, Cité.

---

Vaenor Park, Berriew (Welchpool), le 12 janvier 1850.

Monsieur,

En réponse à votre lettre par laquelle vous me demandez de vous donner le résultat de mes expériences sur la valeur de votre préparation, j'ai l'honneur de vous dire que je ne puis que vous confirmer ce que je vous ai déjà communiqué, savoir, que son application produit un grand avantage.

Je continue à m'en servir en immergeant des lattes d'aubier d'une force convenable pour les toitures, et ni moi ni mes agents nous n'avons jamais appris qu'elles n'aient pas été aussi bonnes et aussi durables que des lattes en cœur de chêne.

Vous êtes parfaitement libre de faire l'usage qu'il vous plaira du résultat de l'expérience que j'ai de l'usage de votre préparation.

Je suis, monsieur, votre, etc.

Signé, J. W. LYON WINDER.

A sir W. Burnett, etc.

---

Grosport, le 30 janvier 1850.

Monsieur,

Relativement à l'expérience que j'ai faite des effets de la dissolution brevetée par sir W. Burnett, j'ai l'honneur de vous informer qu'ayant construit dans les environs de cette ville deux églises et deux écoles, il a cinq, six, sept et huit ans respectivement, j'ai fait saturer de ce fluide protecteur les planchers voisins du sol, et que son succès a été parfait.

Dans l'un de ces cas, le sol, par sa constitution humide, était de nature à hâter plus que d'ordinaire la destruction du plancher avoisinant; cependant les planches qui le composaient, comme celles des trois autres édifices, ont continué à être parfaitement saines.

Signé, JAS. ADAMS, architecte.

Au Secrétaire, bureau du brevet Burnett.

---

*Attestation de l'administrateur de lord Minto.*

Minto, près Hawick, 13 février 1841.

J'ai l'honneur de vous informer que nous avons appliqué la méthode brevetée par sir William Burnett, au chêne, à l'orme, au frêne, au mélèze, au sapin blanc et aux pins d'Ecosse. Le chêne, le frêne, l'orme et le mélèze, étant naturellement durs, nous n'avons pas pu observer d'une manière décisive les effets du procédé sur ces bois, sauf en ce que celles de leurs parties qui étaient du bois blanc, ont été rendus aussi dures que les parties rouges

Le sapin blanc et les pins d'Ecosse, qui sont très-doux, ont été rendus aussi durs que le mélèze.

Signé, E. SELBY.

Au Secrétaire, bureau du brevet Burnett.

*Autre attestation.*

Minto, le 11 janvier 1850.

Mon cher Monsieur,

En me référant à mon expérience propre du bois Burnettisé, j'ai l'honneur de vous dire qu'il y a environ six ans, j'avais une roue hydraulique faite en mélèze et en sapin Burnettisés : partie de cette roue était en bon sapin de la Baltique, non Burnettisé. Cette roue était dans une citerne, où le bois se corrompt très-vite. Je suis descendu, et j'ai examiné le bois très-attentivement, et je puis affirmer que le mélèze et le sapin sont maintenant parfaitement sains, et que le pin de la Baltique (qui présentait tous les symptômes de destruction l'année dernière) est tout à fait pourri. Le sapin paraît devoir durer aussi longtemps que le mélèze.

J'ai aussi Burnettisé, il y a huit ans, des palis de mélèze (tout bois jeune), qui n'offrent aucune apparence de dégradation; tandis qu'une haie du même bois, non Burnettisé, élevée à la même époque, a dû être enlevée tout entière et renouvelée. Bref, depuis 1840 je me suis servi avec beaucoup d'avantage de toutes sortes de bois Burnettisés pour toutes les constructions.

Mon beau-frère, le commandant Rutherford, de la Marine Royale, m'a souvent parlé de la grande économie que ce procédé breveté présenterait à la marine, pour les voiles, qui, à l'humidité, sont atteintes par le blanc en vingt-quatre heures, tandis que quand elles sont Burnettisées il n'y a pas lieu de craindre le blanc. Il n'est pas en Angleterre, autrement il aurait donné là-dessus une attestation bien autrement importante que la mienne.

Quant aux propriétés désinfectantes de la préparation brevetée, il m'a mentionné avec beaucoup d'éloges les avantages produits par son usage sur les côtes d'Afrique, station d'où le commandant Rutherford est revenu il y a environ un an.

Je suis, Monsieur, votre, etc.

Signé, EPHRAIM SELBY.

A M. Charles Jackson, secrétaire.

---

Bureau des travaux, Woburn Park, le 17 septembre 1844.

Monsieur,

Sa Grâce le duc de Bedford désire que vous lui fassiez préparer quelques échantillons de bois anglais, pour qu'il puisse soumettre le procédé de sir William Burnett à des expériences convaincantes; son but principal est, en cas de réussite, d'employer le sapin écossais pour des poteaux d'enceinte, et le hêtre pour des poteaux de barrière.

Quand ils auront été suffisamment préparés, je vous prie de me les expédier par la voiture d'Atterbury, Windemill John, St-John street.

Je vous les ai envoyés dans une caisse ce matin, par Atterbury; le transport est payé.

Je suis, Monsieur, votre, etc.

Signé, C. HACKER,
Surintendant des travaux.

A M. C. Jackson, secrétaire du brevet Burnett, 53, King William street, Londres.

---

*Rapport fait à ce sujet par le même en* 1850.

Woburn Park, bureau des travaux, le 22 février 1850.

Je certifie par le présent, que j'ai examiné les poteaux en bois Burnettisé et en bois non préparé, de hêtre, sapin Écossais, orme et mélèze, que j'avais fait mettre dans la terre contre un mur, dans l'automne de 1844, et j'ai trouvé tous les morceaux Burnettisés parfaitement sains.

L'orme non préparé était si complétement pourri, qu'il s'est cassé, bien que l'on ait pris grand soin pour le retirer, après avoir nettoyé le sol. Le tronçon était mou et spongieux, et on aurait pu le prendre pour un morceau de pâte.

Le mélèze non préparé n'était pas dans un état tout à fait aussi pourri; il aurait pu soutenir l'épreuve pendant encore quelque temps.

L'échantillon de hêtre non préparé était aussi parfaitement pourri; il s'est rompu dans la terre, bien qu'on l'ait enlevé avec beaucoup de soin afin de pouvoir le retirer entier, et le tronçon était tellement décomposé et mêlé avec le sol, qu'on n'a pas pu le rassembler.

Le sapin d'Ecosse non préparé était aussi pourri, bien que, ayant pris beaucoup de soin pour le retirer, on ne l'ait pas rompu.

Signé, C. Hacker,
Surintendant des travaux.

---

*De l'agent de Lord Palmerston.*

Broadlands Farm, le 29 avril 1850.

Monsieur,

J'ai l'honneur de vous accuser réception des brochures, et je vous en remercie.

A l'égard du bois Burnettisé, je ne puis que vous informer de son parfait succès en général,

Je n'étais pas à Broadlands à l'époque où on l'a employé, mais il me semble que des poteaux de mélèze pour une barrière avaient été préparés dans votre dissolution, et tandis que d'autres non préparés ont été enlevés completement pourris, ceux-ci sont restés tout à fait sains.

Je suis, Monsieur, votre, etc.

Signé, W. Kendle.

A Monsieur C. Jackson.

---

Ince Blundell Hall, 20 mars 1850.

Monsieur,

En réponse à votre demande sur mon opinion relativement aux effets du procédé breveté de sir William Burnett, j'ai l'honneur de vous informer que, après sept années d'expérience, je suis parfaitement certain de sa grande efficacité pour empêcher la destruction, spécialement en ce qui concerne les bois tendres.

La première fois, j'en ai fait un essai en enterrant dans un fossé humide et sec plusieurs morceaux de sapin anglais; il y en avait d'imbibés dans le mélange breveté et d'autre non; au bout d'environ trois ans, j'ai pris les morceaux en question, et j'ai trouvé que les morceaux non préparés étaient couverts de champignons (de diverses sortes) et tout à fait mous, et évidemment en train de se décomposer rapidement; le bois préparé était parfaitement dur, sain et parfaitement préservé de l'adhésion des matières végétales.

Croyez-moi votre, etc.

Signé, Thos Weld Blundell.

A Monsieur Charles Jackson.

---

Wilton place, le 22 janvier 1850.

Mon cher sir William,

Je vous envoie un échantillon de palissade en jeune charme, qui a été coupé l'été, scié, préparé avec votre dissolution, et posé immédiatement. — La palissade en question est restée en place sept ans six mois, et tout est aussi sain que cet échantillon, et n'a jamais exigé aucune réparation.

Je suis, Monsieur, votre, etc.

Signé, RICHARD T. CLARK.

A sir William Burnett, etc.

---

Cromer, le 28 janvier 1850.

Monsieur,

Il y a à peu près huit ans que j'ai employé le chlorure breveté par sir William Burnett, pour préparer du hêtre pour la construction d'une aërte ou barrage, pour feu le baron Fowell Buxton, à Trimingham, comté de Norfolk, et je suis bien aise de vous dire qu'il n'est pas encore attaqué par les vers, et qu'en enlevant un copeau très-mince de la surface des pilotis, le bois est tout à fait frais, et franc du genre de destruction auquel le hêtre est soumis.

En apprêtant promptement du bois vert, il est tout à fait utilisable. Le bois de hêtre dont j'ai parlé ci-dessus a été coupé non-seulement vert, mais en feuilles, et on en fait usage immédiatement.

Je suis, Monsieur, votre, etc.

Signé, HENRY SANDFORD.

A Monsieur Charles Jackson, secrétaire du brevet de sir William Burnett.

---

Rise, Hull, 3 octobre 1845.

Monsieur,

En réponse à votre lettre, j'ai l'honneur de vous informer que le résultat de l'expérience faite avec votre solution a été parfaitement satisfaisant.

J'ai fait préparer quelques jeunes chênes que j'ai employés de suite pour construire une clôture qui existe depuis trois ans, sans donner le moindre signe de pourriture.

J'ai employé aussi des planches de sapin d'Ecosse et d'orme préparés, pour faire le plancher dans une pension, et, depuis trois ans, elles ne se sont pas retirées, comme il arrive ordinairement.

J'ai fait faire aussi une clôture de sapin d'Ecosse et d'orme, il y a deux ans, et le bois est toujours parfaitement sain.

Signé, W. BETHELL.

A sir William Burnett.

---

Pitfour, Mintlaw (Ecosse), 18 octobre 1845.

Mon cher sir William,

Depuis 1842, nous faisons un usage continuel de votre solution pour la conservation du bois.

Les avantages qu'on y trouve sont au delà de notre attente.

Le bois que nous avons ici est, pour la plupart, du sapin, et ordinairement d'une qualité tendre et spongieuse. Votre procédé le rend fort et durable, et certainement en augmente la valeur : je puis ajouter que le bois de la clôture que j'ai fait construire il y a près de trois ans, et dont une partie se trouve dans le marais, est toujours parfaitement sain. Une clôture qu'on y ferait construire avec du bois non préparé ne durerait que quelques mois.

Signé, GEORGE FERGUSON.

A sir William Burnett.

---

Charles Street, le 9 mai 1849.

Monsieur,

Cinq années ajoutées à une expérience précédente confirment l'opinion que j'ai précédemment donnée sur les propriétés inestimables de la composition de sir William Burnett.

En préparant avec la dissolution du bois de toute qualité, l'effet est de leur donner de la dureté, de la durée et du prix au delà de toute attente.

Il a aussi été employé à un haut degré dans des chalets et autres constructions, pour les purifier et désinfecter.

Les bons effets produits ont été une bénédiction pour un grand nombre d'individus des classes laborieuses et pauvres.

J'ai l'honneur d'être, votre, etc.

Signé **George Ferguson**,
Contre-Amiral.

A M. Charles Jackson, secrétaire, etc., etc,

---

Warmwell House, près Dorchester, le 11 novembre 1848.

Mon cher Monsieur,

Je suis heureux de pouvoir vous dire que le bois (sapin d'Écosse coupé sur mes propres biens) que j'avais imbibé il y a cinq ans et placé dans une position très-exposée, ne présente pas le moindre symptôme de destruction, tandis que du même bois, non imbibé et placé dans un endroit comparativement sec, marche très rapidement à la décomposition. Je suis tellement certain, par ce que j'en ai vu, de ses propriétés conservatrices du bois, que je n'ai employé rien que mon propre sapin dans des bâtiments de ferme et autres que j'ai dernièrement fait construire, car je suis bien certain qu'il sera tout aussi durable que le meilleur bois étranger.

Je suis, Monsieur, votre, etc.

Signé, **Augustus Foster.**

A M. Jackson, secrétaire du brevet de sir W. Burnett, King William street, Cité, Londres.

---

Au mois de juin 1846, j'ai posé sur le toit de ma maison environ 80 pieds de superficie de planches, d'une épaisseur d'un pouce et demi, en orme, qui avait préalablement été imbibé de la dissolution brevetée.

Ces planches étaient relevées à quelques pouces au-dessus des gouttières en plomb qui les soutenaient, afin de garantir le plomb contre tout dommage et aussi contre l'influence de la grande chaleur en été, et de la gelée en hiver. J'ai examiné de temps en temps ces planches, et j'ai trouvé qu'elles sont restées parfaitement saines.

Je pense qu'elles ont été soumises à une épreuve sérieuse, étant ainsi exposées aux intempéries, qu'elles n'auraient pas pu supporter si elles n'avaient pas été préparées.

Signé, **Thomas Berry**,

4, Hume street, Dublin.
Le 23 mars 1849.

---

*Autre attestation sur le même sujet.*

4, Hume street, Dublin, le 28 mai 1850.

Mon cher Monsieur,

J'ai dernièrement essayé au rabot les coins des planches d'ormes que j'ai mentionnées dans mon attestation. Elles sont aussi dures et aussi saines que le jour où elles ont été coupées la première fois. Maintenant j'ai toujours vu l'orme s'abîmer plus rapidement et avec plus d'extension que tout autre bois quand on l'expose aux intempéries de l'air, et je suis certain que ces planches n'auraient pas pu durer, si elles n'avaient pas été préparées.

Je suis, Monsieur, votre, etc.

Signé, **Th. Berry.**

A M. Charles Jackson, secrétaire,

---

Royal Hospital, Haslar, le 28 février 1839.

Ayant eu l'occasion, il y a deux ans et demi, de réparer les lieux d'aisances du soixante-seizième et quelques boisages dans le quarantième quartier de l'Hôpital Royal de la marine dans cette ville, j'ai trouvé, en le faisant, que le bois était complétement atteint de la pourriture sèche, avec d'immenses champignons, de telle façon, qu'en de certains endroits il ne restait que la peinture à la surface du bois : ce bois avait été posé à neuf il y a environ cinq ans. On l'a remplacé par du bois préparé par sir William Burnett, et en l'examinant, il a été trouvé aussi parfaitement sain qu'il l'était le jour où on l'a posé, c'est-à-dire, il y a deux ans et demi.

J'ai découvert, il y a dix-huit mois environ, beaucoup d'autres parties de l'édifice qui étaient dans un état très-défectueux, et ayant remplacé ces parties défectueuses par du bois saturé avec la préparation de sir William Burnett, je trouve que le bois en question est aussi sain et aussi parfaitement franc de rouille sèche que la première fois qu'il a été employé.

Je suis donc d'avis que du bois préparé avec la dissolution de sir William Burnett sera producteur de beaucoup d'économie pour le public.

Signé : Thomas Baker,
Inspecteur des travaux.

---

*Autre certificat au bout d'environ quatorze ans.*

Haslar Hospital, le 20 mai 1848.

Monsieur,

En réponse à l'ordre que vous m'avez donné ce matin, j'ai l'honneur de vous informer que j'ai examiné le bois sus-mentionné, qui avait été saturé avec la dissolution de sir William Burnett, en 1836, et je trouve qu'il est parfaitement sain, et qu'on ne peut y découvrir aucune partie de champignons ; j'ai de plus l'honneur de vous dire que je suis encore de la même opinion sur son efficacité, qu'à l'époque où je vous en ai fait mon rapport.

Je suis, Monsieur, votre très-humble serviteur.

Signé Th. Baker.

Au capitaine W. E. Parry, de la Marine Royale, membre de la Société Royale, surintendant, etc.

J'ai l'honneur de certifier que j'ai vu le bois mentionné par M. Baker dans la communication ci-annexée, et qu'il est remarquablement et dans un parfait état de conservation.

Signé, W. E. Parry,
Capitaine surintendant de l'hôpital d'Haslar.

Le 29 mai 1848.

---

*Copie d'une lettre du capitaine F. E. Rogers, surintendant de la marine de la Compagnie des Indes Orientales, à Calcutta, datée du* 12 *août* 1850.

Monsieur,

J'ai fait des recherches touchant les échantillons de bois que vous m'avez envoyés en 1846 : plusieurs d'entre eux, je suis fâché de vous le dire, ont été perdus ; mais il y a deux morceaux de sapin et deux de pivoine qui étaient restés dans un coin humide de l'une des pièces basses du garde-magasin. Leur état actuel est comme suit :

Quant aux morceaux imprégnés par la dissolution, ni les termites, ni les dégradations n'y avaient passé ; dans les autres, bien que les termites n'aient fait que ronger une partie de l'extérieur, la destruction était considérable, à cause de l'humidité qui entourait les échantillons. Je dois vous dire que les morceaux de bois essayés sont restés pendant trois ans dans un endroit où on ne peut pas mettre de sapin sans que les termites le dévorent : une porte située à peu de distance avait été criblée par eux.

J'ai ordonné de laisser les échantillons à leur place actuelle, et je vous en dirai des nouvelles plus tard par la suite.

Signé, T. E. Rogers.

A Messieurs Gunter Greenaway et Ce., à Calcutta.

---

*Extrait d'une lettre de M. Abercrombie Dick, juge à la Cour Suprême Indigène à Calcutta, écrite à M. David Ogilvy.*

Ce 7 avril 1848.

Je dois vous dire maintenant que les échantillons de bois trempés dans la liqueur de Burnett sont arrivés hier dans une caisse, par *le Labuan.* Le capitaine Alston s'en est chargé et les remettra à mon frère William; vous ferez même mieux de vous adresser à lui là-dessus. Ce sont quatre morceaux : du teak, du saul, du toon et du sapin blanc imbibés et marqués d'un B, pour marquer qu'ils ont été Burnettisés, et quatre autres pièces semblables marquées N, ou non Burnettisées. Elles étaient toutes placées à côté l'une de l'autre, là où il y avait abondance de termites et d'humidité; celles qui en ont été imbibées étaient toutes intactes, bien que les termites aient laissé des traces de leurs atteintes. Quant aux deux autres, les deux bois durs, le teak et saul, étaient peu attaqués; le toon l'était beaucoup plus, et le sapin mangé de part en part. Il y a aussi dans la caisse des échantillons de papier du pays, les uns imbibés, les autres non, et vous verrez promptement quel bon préservatif est votre brevet Burnett. J'en ai lavé tous mes livres, en me servant d'une brosse de peintre, et je m'en suis servi dans la pâte pour les reliures. Il est d'une utilité incontestable pour les naturels, pour leurs archives, et pour le gouvernement. Je ferai encore quelques expériences sur le papier; et quand la preuve sera bien acquise, j'en proposerai l'usage au gouvernement et aux naturels.

---

Arsenal de Woolwich, 15 juillet 1841.

Monsieur,

Conformément à votre note de ce jour, nous nous empressons de vous faire savoir que nous avons examiné les divers échantillons de bois que sir William Burnett a fait préparer et déposer dans la fosse de ce port, et que nous trouvons que l'état de ces bois est ainsi qu'il suit, savoir :

| *Bois préparé.* | *Bois non préparé.* |
|---|---|
| Chêne anglais, parfaitement sain, | Chêne anglais, tache et excroissance, |
| Orme anglais, parfaitement sain, | Orme anglais, tacheté, |
| Sapin de Dantzick, parfaitement sain. | Sapin de Dantzick, excroissance sur le côté et pourri au centre. |

Signé, O. Lang, Maître charpentier. R. Abethell, Aide-charpentier.

Ces bois ont été déposés dans la fosse le 25 août 1836.

Au Capitaine surintendant Hornby.

*Nota.* — Quelques pièces de toile et de calicot ont été déposées en même temps, et à la réouverture de la fosse, au mois de mai 1838, le rapport officiel dit que, quant aux toiles et calicots, l'épreuve a été décisive; que les pièces préparées n'étaient que légèrement détériorées, tandis que celles non préparées ont été entièrement détruites.

---

*Rapport en date de Chatham Yard, le 1er juillet 1842.*

Monsieur,

En obéissance aux instructions contenues dans les ordres de l'Amirauté, du 24, et dans votre missive du 25 courant, pour examiner le plancher de la maison du directeur de la police, préparé avec la dissolution de sir William Burnett, — nous avons l'honneur de dire que ce plancher a été posé en l'année 1848; il était composé alternativement de planches préparées et non préparées : l'ayant examiné aujourd'hui, nous avons trouvé que les premières sont en bon état, tandis que les dernières sont pourries, par suite de la situation très-humide de la chambre. Nous avons l'honneur de vous en envoyer des échantillons, et nous croyons que dans ce cas-ci l'expérience est très-satisfaisante.

Signé, J. FINCHAM, J. EDYE.

Au capitaine surintendant du Chantier Royal de Chatham.

---

*Voir le rapport officiel des employés du Chantier Royal de Portsmouth, p. 47, part. II, daté du 24 septembre 1847.*

Touchant la conservation d'un morceau de bois non préparé, autour duquel on avait roulé de la toile préparée, et qui est restée huit ans cinq mois dans un lieu humide.

La toile et le bois étaient tous deux sains.

La toile non préparée et le bois autour duquel elle était enroulée étaient complétement pourris.

Le rapport ajoute :

« Et le bon état du rouleau autour duquel la toile préparée avait été roulée, est très-remarquable si on le compare à l'autre, car tous deux avaient été coupés du même épars. »

---

Tullamore, King's County (Irlande), 17 janvier 1842.

Monsieur,

En réponse à votre lettre au sujet de votre procédé, j'ai l'honneur de vous informer qu'il a parfaitement réussi, et qu'il m'a mis à même d'effectuer une économie considérable dans mon établissement, en substituant le bois indigène au bois étranger que jusqu'ici j'avais été forcé d'employer.

Signé, TH. BERRY.

A sir William Burnett.

---

Tullamore King's County (Irlande), 10 juillet 1843.

Je soussigné certifie que j'ai employé pour les réparations de mes bateaux une grande quantité de bois indigène tel que hêtre, orme et sapin d'Ecosse, soumis il y a trois ans au procédé Burnett ; je trouve la plupart de ces bois encore parfaitement sains, ce qui ne serait certainement pas arrivé, s'il n'avait pas été préparé, puisque du bois de Mesnel, que j'ai employé de la même manière, s'est trouvé souvent pourri en moins de temps.

Signé, TH. BERRY.

---

*Des professeurs Brande et Cooper.*

Londres, 14 octobre 1844.

Monsieur,

Ayant examiné les échantillons de bois et de toile que nous avions préparés conformément à votre description il y a six mois, et qui sont restés pendant tout ce temps dans des caves humides, et en les comparant avec d'autres échantillons qui appartenaient à la même toile et au même bois, et qui a été exposé de la même manière sans avoir subi aucune préparation préalable, nous avons prouvé que les échantillons de bois n'ont éprouvé aucune altération, mais, quant à la toile, celle qui n'avait pas été soumise à votre procédé était entièrement couverte de champignons, tandis que celle qui avait été préparée par l'immersion dans le chlorure de zinc étendu, de la manière que vous l'indiquez, n'a pas été le moindrement attaquée.

Signé, W. TH. BRANDE, JOHN TH. COOPER.

A sir W. Burnett.

*Autre certificat.*

4 novembre 1845.

Monsieur,

Nous venons d'examiner les échantillons de toile et de bois qui avaient été préparés suivant votre procédé, au mois d'avril 1844, et qui avaient été déposés dans une cave humide, où ils sont restés jusqu'à ce jour.

Nous pouvons maintenant confirmer, d'une manière positive, l'opinion exprimée dans notre premier rapport.

La toile n'a été atteinte ni par aucune matière végétale, ni par la pourriture, tandis qu'un échantillon pareil de la même pièce, non soumis à votre procédé, s'est tellement dégradé qu'il est devenu moisi, pourri, noir et, en quelques endroits, ressemblant à de l'amadou.

Nous avons comparé la force du fil de la pièce de toile préparée avec celle du fil de la même pièce non préparée, et nous avons constaté que les deux fils sont de la même force, d'où nous concluons que votre procédé ne peut, après quelque laps de temps que ce soit, ni détériorer, ni diminuer les forces de ces substances.

Quant aux échantillons des différentes espèces de bois dont chaque morceau avait été coupé en deux, l'un soumis au procédé, l'autre laissé dans son état naturel, les morceaux non soumis au procédé font déjà voir un commencement de dégradation, tandis que ceux préparés se sont conservés dans un état sain.

Nous n'avons fait que confirmer notre première opinion sur l'efficacité de votre invention.

Signé, W. THOMAS BRANDE;
JOHN THOMAS COOPER.

A sir William Burnett.

---

Londres, 38 juillet 1846.

Messieurs,

Nous référant à ce que nous avons déjà constaté relativement à l'efficacité du brevet de sir William Burnett pour la conservation du bois, des cordages, de la toile à voile et d'autres matières premières, nous avons l'honneur de vous ajouter que toutes nos expériences subséquentes ont amplement justifié ces faits. Nous sommes d'avis que ce procédé, bien loin d'être aucunement nuisible ou destructeur, est conservateur des fibres végétales et animales. Les échantillons de bois et de toile que nous avons déjà constaté avoir résisté à l'influence d'une cave humide, dans laquelle des portions non préparées du même bois et de la même toile étaient devenues corrompues et pourries, restent encore dans le même état, sains et en bonne condition; et quant à ce qui concerne l'influence du procédé conservateur sur de la toile mise en magasin, nous nous croyons parfaitement en droit, par le résultat de nos diverses expériences, d'affirmer que dans les mêmes circonstances, l'objet soumis à ce procédé, conservera toujours sa supériorité de résistance, et n'éprouvera aucun dommage sous des influences produisant le blanc, et nuisant à la qualité, à la force et à la contexture de la toile non préparée.

Nous sommes, Messieurs, vos, etc.

Signé, W. THOMAS BRANDE (1);
JOHN THOMAS COOPER (2).

Aux propriétaires du Brevet de sir W. Burnett.

(1) Voir Rapport sur une leçon sur le Ligneux, faite à l'Institution Royale, le 6 mars, 1851 — (p. 17).

(2) Voir sa déposition devant le Conseil Privé du 7 février 1852. ( p. 8 à 12).

*Compagnie du Télégraphe Electrique, bureaux de l'Ingénieur*, 63, *Moorgate strett.*

Londres, 22 mars 1845.

Mon cher Monsieur,

Conformément à vos instructions, j'ai l'honneur de vous dire que j'ai examiné les poteaux et perches sur une longueur de un mille et demi, de Bishopstoke à Winchester. Je les ai trouvés sains et saufs et en bonne condition. Je n'ai pas encore examiné moi-même aucune autre partie de la ligne; mais j'ai appris que le bois que l'on a examiné dans ces parties, est généralement dans un état satisfaisant.

Comme vous m'en aviez exprimé le désir, je vous le fais connaître par écrit.

Je suis, Monsieur, votre, etc.

Signé, W. H. HATCHER.

A M. G. P. Bidder, ingénieur civil.

---

*Perches à houblon.*

Brenchley Kent, 22 février, 1845.

Monsieur,

J'ai été pendant plus de huit ans intendant de M. Westcar. Tous les ans j'ai employé votre préparation pour les perches à houblon et autres bois. Je trouve qu'elle est très-utile au bois tendre, tels que saules et aulnes. Auparavant j'employais ces bois non préparés, et je n'avais pu m'en servir plus d'un an sans les faire repointer; depuis que je les ai fait préparer par la solution, ils m'ont duré trois ans.

Ce procédé améliore la qualité de tous les bois; il me semble qu'il est plus facile de l'appliquer au bois tendre, mais je pense que, si l'on faisait tremper plus longtemps les autres bois, la préparation finirait par produire le même effet.

J'emploie du bois préparé pour les granges à blé, pour les poteaux et barrières, et j'en suis très-satisfait.

Signé, JOHN SIMES.

A sir W. Burnett.

---

Brenchley, le 17 juin 1848.

Monsieur,

Veuillez m'excuser si je n'ai pas répondu plus tôt à votre lettre.

Nous nous sommes servis pendant sept ans du fluide de sir William Burnett, et je trouve qu'il est très-conservateur pour les perches à houblon, et qu'il convient parfaitement aux usages que l'on en veut faire. Notre terrain est dur et nous avons besoin de petites perches, comme des perches de dix pieds, et après leur imbibition elles peuvent rester trois ans sans perdre de leur force, et si nous ne les imbibions pas, une bonne partie d'entre elles se casserait dès la première année. Plusieurs de mes voisins vont adopter le même système.

Votre tout dévoué.

Signé, EDWIN SIMES, pour M. H. WESTCAR.

Au secrétaire du brevet de sir W. Burnett.

---

## Préservatif contre l'Incendie.

*Copie d'une lettre des Lords Commissaires de l'Amirauté, à sir William Burnett, au sujet de l'application de son procédé pour préserver le bois contre la combustion.*

Amirauté, 19 juin 1844.

Monsieur,

Les lords commissaires de l'Amirauté, ayant fait faire des expériences dans le but de s'assurer si le bois préparé par votre solution devenait incombustible, j'ai l'honneur de vous informer, par ordre de Leurs Seigneuries, qu'elles ont fait constater que le bois tendre, tel que le sapin jaune ou autre, tant anglais qu'étranger, bien saturé par la solution préparée dans certaines proportions et exposé au contact immédiat d'un fer rouge, ne s'est pas enflammé du tout, tandis que d'autre bois de même espèce, non préparé, a pris feu immédiatement.

La préparation ne produit pas le même effet, ou du moins au même degré sur le bois dur.

Signé, JOHN BARROW.

A sir William Burnett.

*Extrait du Rapport officiel des expériences auxquelles la lettre ci-dessus fait allusion.*

Portsmouth, 13 mars 1844.

Monsieur,

D'après les ordres que,par votre lettre du 1er du mois dernier, vous nous avez transmis, afin de nous assurer jusqu'à quel point le bois saturé par le procédé Burnett deviendrait incombustible, nous avons l'honneur de vous informer que nous avons fait faire avec le plus grand soin une suite d'expériences à ce sujet dont voici le résultat.

Une partie de ces expériences ont été faites en plaçant, dans les fourneaux des moulins à métaux, des bois préparés et non préparés, et les résultats ont été réellement favorables au bois préparés.

*Sapin rouge du Canada.* En plaçant un fer rouge sur ce bois non préparé, il s'enflamme immédiatement.

Le bois préparé ne présentait aucun signe de combustion, et le fer s'est refroidi sans l'enflammer.

*Orme du Canada.* En plaçant ce bois dans les creusets contenant le cuivre qu'on vient de verser des fourneaux à raffiner, le bois non préparé s'est enflammé en une demi-minute, tandis qu'il a fallu au bois préparé deux minutes et demie pour qu'il s'enflammât, et cela d'une manière bien moins violente.

*Sapin jaune du Canada.* Placé dans les creusets comme ci-dessus, le bois non préparé s'est enflammé immédiatement; celui préparé y est resté douze minutes, et n'a pas pris feu. — La chaleur était excessive.

Une seconde expérience a été faite sur ce bois avec un fer rouge; le bois non préparé s'est enflammé immédiatement, tandis que le bois préparé ne s'est pas enflammé du tout.

D'après ces expériences, il paraît qu'une partie des bois préparés a résisté au feu, et particulièrement le sapin jaune du Canada, d'une manière extraordinaire. — Nous sommes donc d'avis que le sapin jaune préparé de cette façon serait très-avantageux, non-seulement pour les magasins du port et les greniers, mais aussi pour le gros bois des bâtiments de guerre.

Il paraît qu'il n'y a rien dans la solution qui soit nuisible à la santé de l'équipage; et si, en faisant préparer de cette façon le bois de sapin jaune, il devenait aussi dur que le bois, qu'on emploie ordinairement ce procédé aurait le double avantage de conserver le bois et de le rendre incombustible.

La solution dont on s'est servi pour cette expérience était huit fois plus forte qu'à l'ordinaire.

Signé, R. BLAKE. | J. WATTS.
F. STURDIE. | J. OWEN.

# DEUXIÈME PARTIE.

---

# ATTESTATIONS

CONCERNANT

## LA TOILE, LES CORDAGES, LES LAINAGES, ETC., PRÉPARÉS.

### L'EFFICACITÉ DE LA DISSOLUTION

*pour protéger les marchandises de laine contre la teigne*

ETC., ETC.

---

Bureau des Gardes-côtes, le 9 avril 1850.

Monsieur,

Je vous transmets, pour que vous en ayez connaissance, des copies des renseignements que j'ai reçus du commandant du *Vigilant*, cutter de la Marine Royale, et de M. Gordon, de Rotherhithe, touchant l'efficacité comparative du procédé de sir W. Burnett pour préserver la toile du blanc et de la rouille.

Je suis, Monsieur, etc.

Signé, A. ELLICE,

Capitaine dans la Marine Royale, contrôleur général.

A M. Charles Jackson, secrétaire du brevet de sir William Burnett, 53, King William street, Cité.

---

Cutter de la Marine Royale le *Vigilant*, ce 2 avril 1850.
Tobacco Ground, Rotherhithe.

Monsieur,

J'ai l'honneur de répondre à votre lettre et de vous informer que j'ai examiné soigneusement les voiles fournies à ce cutter, qui ont servi de un à trois ans, et qui sont faites avec de la toile préparée, selon le procédé de sir W. Burnett, pour en empêcher la rouille et le blanc. Je puis garantir avec pleine assurance, en raison de ma longue expérience de la marche ordinaire de l'usure, que ce procédé réussit à préserver la toile de la rouille et du blanc.

J'ai l'honneur d'être, Monsieur, votre très-humble serviteur.

Signé, RICHD., GOWLLAND.

Au capitaine A. Ellice, contrôleur général, administration des Gardes-côtes.

---

Rotherhithe, le 2 mars 1850.

Monsieur,

En réponse à vos demandes relativement aux avantages que l'on peut tirer de l'emploi du procédé de sir William Burnett pour préparer, selon lui, les toiles à voiles pour les navires des Douanes Royales, j'ai l'honneur de vous dire que, dans aucun des cas où ces voiles m'ont été retournées comme condamnées, je n'ai trouvé qu'elles eussent le moindrement souffert du blanc ou de la rouille, et elles n'étaient usées que par les frottements ordinaires.

Je suis donc décidément d'avis que le procédé mentionné plus haut empêche la toile d'être attaquée par le blanc et la rouille; car, depuis février 1846 jusqu'à présent, il a été universellement adopté pour ce service et avec succès.

Signé, W. GORDON, voilier.

Au capitaine Ellice, M. R., contrôleur général, administration des Gardes-côtes.

---

Chantier Naval de Devonport, ce 23 avril 1850.

Mon cher sir William,

La toile qui avait été mise de côté au mois de septembre 1847, pour être exposée à toutes les intempéries de l'air, a été reprise et mise en place avec soin. Lord John Hay, le maître voilier et moi, nous l'avons examinée avec soin, et le rapport en sera fait par lord John. Mais, s'il avait fallu une nouvelle preuve en faveur de la prééminence de la toile préparée sur la toile non préparée, il n'y aurait pas pu en avoir de plus concluante.

Je dois aller passer en Ecosse deux ou trois semaines; à mon retour par Londres j'irai vous voir dans vos bureaux.

Votre tout dévoué,

Signé, JAMES HENDERSON, inspecteur en chef.

A sir William Burnett, à l'Amirauté.

---

Southsea, le 18 juillet 1850.

Mon cher Monsieur,

Vers le mois d'août 1844, j'ai trouvé deux voiles qui avaient été faites pour un sloop de guerre, il y a à peu près vingt-cinq ans. Comme elles avaient un aspect parfaitement bon et que j'avais besoin de voiles pour l'allége *Reynard*, je les ai fait convertir dans ce but, après les avoir fait saturer de la solution Burnett.

Vous trouverez les détails de cette affaire à la voilerie et au magasin du chantier de Chatham. En 1846, quand j'ai quitté le chantier, les voiles étaient encore aussi bonnes que dès l'origine, bien qu'elles fussent restées pliées depuis le moment où on les avait finies: et j'ai tout lieu de croire que l'on s'en sert encore aujourd'hui, ayant donné des ordres très-précis de surveiller ces voiles.

Mon but était d'avoir une expérience faite pendant ma propre inspection, de faire constater fréquemment leur état, et d'avoir un échantillon à présenter, si on me demandait un rapport, bien que mon opinion se soit toujours librement exprimée, depuis bien des années, par suite de l'observation effective de constatations réitérées dans toutes les circonstances dans lesquelles la toile puisse se trouver exposée. Ce n'était donc pas pour ma propre instruction, mais à titre de renseignements pour tous ceux qui auraient eu quelques doutes des qualités conservatrices de la dissolution de sir William Burnett quand on l'applique à la toile.

Les dates sont sorties de ma mémoire; elles peuvent, par conséquent, ne pas être exactes; mais les faits sont comme je les ai décrits. Le maître voilier et le directeur des gréeurs donneront à toute époque des dates et des détails concernant l'usure.

Je suis votre tout dévoué.

Signé, F. W. R. SADLER,

Commandant dans la Marine Royale, ancien inspecteur du Chantier Royal de Chatham.

A sir W. Burnett, Somerset House.

---

*Rapport fait par les professeurs Brande et Cooper.*

Londres, le 24 mai 1844.

Nous avons examiné l'action du chlorure de zinc, tel qu'il est appliqué d'après le brevet de sir W. Burnett pour empêcher la pourriture sèche, afin d'établir la cause de son efficacité et son influence sur la force des fibres du canevas ou toile à voiles.

Nous pensons que son efficacité dépend de la combinaison chimique de l'oxyde de zinc avec la fibre ligneuse. Nous avons trouvé que la toile préparée conformément à ce brevet, retient de l'oxyde de zinc en combinaison, après avoir subi de nombreux lavages et bouillie avec de l'eau, de façon à la débarrasser de tout sel de zinc qui n'y serait qu'adhérent; et que, dans de telles circonstances, en brûlant la fibre, les cendres laissent des preuves abondantes de la présence de l'oxyde de zinc.

Quant à la force de la fibre préparée, comparée à la fibre non préparée, nous sommes d'avis que le procédé breveté ne tend pas à en affaiblir le tissu. Nous avons effilé des morceaux de toile préparée et non préparée, coupée sur la même pièce; nous avons déterminé les poids nécessaires pour en déterminer la rupture, et nous n'avons pas pu découvrir de différence effective par le résultat moyen de nos expériences.

Signé, W. TH. BRANDE.
JOHN THOMAS COOPER.

---

*Lettre de M. C. Busk, éditeur du* Microscopic Journal.

Navire-Hôpital *Dreadnought*, Greenwich, le 7 janvier 1843.

Monsieur,

A la demande du docteur M. William, j'ai examiné au microscope plusieurs portions de toiles et étoffes préparées et non préparées, que je vous envoie par le présent. Il y en a huit ou neuf échantillons.

*Résultat de l'étude microscopique.*

N° 1. — *Portions de toile à voile non préparée qui est restée déposée pendant douze mois dans des caveaux sous Somerset-House, ensemble avec d'autre toile de même nature, préparée et marquée* n° 7.

Tout à fait pourrie et couverte d'une couche épaisse de blanc composée de mucedo, l'un de couleur jaunâtre, et l'autre noir. Le jaune, composé de sporides fins et de filaments tortueux, entrelacés, très-délicats; le noir, de sporides plus grands et de filaments plus forts à branches droites. Les sporides de l'un et de l'autre sont disséminés en grand nombre entre les fibres composant les fils, fibres qui sont elles-mêmes plus rudes et inégales que celles de fils non affectés.

N° 2. — *Une portion de toile non préparée qui était comprise dans le* n° 3 *et envoyée des Bermudes* (1).

Paraît à l'œil n'avoir pas été affectée; mais en déchirant en deux des portions de l'intérieur, on trouve des sporides de mucedo brun, sombre, fortement disséminés dans les dernières fibres du lin. Pour le prouver, j'ai inclus un étui contenant des portions du lin de cette toile; vous serez en état de vous convaincre de ce fait par vous-même; cela a une certaine importance, car des examens de cette nature seraient un moyen de déterminer la condition de la toile à voiles ou d'autres matériaux semblables qui pourraient être attaqués par le blanc, bien que ne présentant pas extérieurement des marques de ce mal.

(1) Des portions de la même toile avaient été d'abord bien lavées et rincées dans de l'eau bouillante avant qu'on les mît dans une cave, et quand on les examina, au bout de huit mois, la pièce préparée était parfaitement saine, et l'autre complétement pourrie. On peut voir ces morceaux aux Bureaux, à Londres.

N° 3. — *Pièces de toile non préparées venant du chantier de Portsmouth.*

Dans un état de décomposition très-avancée. Le blanc, dans ces échantillons, consiste en une seule espèce de mucedo, d'une couleur noire, et probablement identique avec celui d'une couleur semblable, n° 1.

N° 4. — *Portions de drap rouge préparées et non préparées.*

La pièce d'étoffe de laine préparée ne présente pas de traces de moisissure, soit à l'intérieur, soit à l'extérieur; mais la pièce non préparée est très-friable, et les fibres de la laine y sont comme rongées ou érodées sur la surface, et parsemées de petits sporides d'un jaune éclatant, d'un champignon dont je n'ai pas pu découvrir la partie filamenteuse, si elle existe.

N° 5. — *Toile non préparée marquée* A.

Mêmes observations qu'au n° 1.

N° 6. — *Toile préparée, marquée* A.

Pas de traces de moisissure, extérieurement ou intérieurement.

N° 7. — *Toile préparée qui a été exposée avec le* n° 1 *dans les caves au-dessous de Somerset House.*

Pas de traces de moisissure, extérieurement ou intérieurement. C'est une preuve convaincante du pouvoir conservateur de la préparation que la toile a subie quand on la compare aux autres pièces n° 1.

N° 8. — *Portions d'une voile provenant du Wilberforce, faite en toile préparée.*

Pas de traces de blanc.

En cas que vous le désiriez, je serai bien aise de préparer des fils contenant la preuve des faits indiqués ci-dessus, et qui vous mettront en état d'en faire très-aisément la vérification.

J'ai employé un microscope grossissant 400 fois; mais il suffirait d'un grossissement de 300 fois.

Croyez-moi votre respectueux, etc.

George Busk.

A sir W. Burnett.

---

*Documents très-importants venant des Lords Commissaires de l'Amirauté et relatifs à des épreuves qui ont été faites dans le chantier de Portsmouth.*

Amirauté, ce 13 juillet 1840.

Monsieur,

En conséquence de votre lettre du 29 du mois dernier, les lords commissaires de l'Amirauté m'ont invité de vous informer que, du rapport fait sur la force des toiles et cordages préparés avec la dissolution que vous recommandez, relativement à la force des mêmes matériaux non préparés, il résulte qu'après une égale exposition à l'humidité et aux effets de l'atmosphère, le cordage préparé présente en moyenne une force plus grande d'un douzième (1), et la toile une force moyenne plus grande des deux tiers que les mêmes objets non préparés.

Je suis, etc.

Signé, H. E. Amedroz,
*Secrétaire adjoint.*

A sir William Burnett, membre de la Société Royale etc.

---

*Copie du rapport transmis par sir John Barrow, ensemble avec le rapport sur les cordages, page* 48.

Chantier de Portsmouth, le 24 juin 1840.

A l'Amiral surintendant.

Suspendu des poids à la toile n° 3; immergé dans la dissolution deux pièces

---

(1) Le cordage qui a servi à ces expériences avait reçu la dissolution à l'état de câble préalablement goudronné; état dans lequel le cordage ne peut jouir de tous les avantages présentés par le procédé.

Il faudrait le préparer à l'état naturel.

non préparées qui avaient été placées dans une cave humide pendant douze mois. A l'essai, la déchirure a été effectuée sous les poids suivants:

Pièces ouvertes. . . . . . . . . . . . . . . . . . . . . . Préparées.
Trame rompue à 414 livres.
Pièces ouvertes . . . . . . . . . . . . . . . . . . . . . Non préparées.
Trame rompue à 197 livres.
Pièces roulées. . . . . . . . . . . . . . . . . . . . . . Préparées.
Trame rompue à 505 livres.
Pièces roulées. . . . . . . . . . . . . . . . . . . . . . Non préparées.
Trame rompue à 267 livres.
Deux pièces exposées à l'air.
Trame rompue à 293 livres . . Préparée.
Trame rompue à 266 livres . . Non préparée.

Les expériences ci-dessus de la force comparative m'engagent à conseiller comme avantageux pour le service de la Marine Royale, de faire imbiber de la dissolution tous les cordages, toiles, etc., surtout ceux de ces objets destinés au service intérieur ou à l'étranger; car cette préparation paraît dans tous les cas les préserver contre les effets de l'humidité, le blanc, et une usure prématurée.

Je suis, etc.

F. W. R. Sadler,
*Maître inspecteur.*

P. S. — La cave humide dont j'ai fait mention est située sous le magasin des chanvres.

Signé, W. P.

*Voir l'attestation page 26, 1re partie, relative au calicot et à la toile expérimentés dans la fosse au chantier de Woolwich.*

---

*Extrait d'un rapport fait par le commandant du* Water Witch, *brick de la marine royale, portant date en mer le* 23 *septembre* 1840.

Ayant reçu du chantier de Portsmouth, au mois de septembre 1839, quatre voiles dont les doublures avaient été préparées avec la solution de sir W. Burnett, j'ai pu laisser mouillée pendant un temps considérable une vieille voile de hunier; les étoffes préparées étaient libres du blanc, tandis que celle non préparées en étaient très-attaquées.

---

*Extrait d'une lettre écrite à Sir W. Burnett par M. Byham, secrétaire du comité d'artillerie, datée du* 19 *juillet* 1841.

« Relativement à la demande contenue dans la dernière partie de votre lettre, j'ai l'honneur de vous remettre ci-inclus la copie d'un rapport du surintendant de l'artillerie de marine, touchant la voile de misaine de l'un des sloops d'artillerie, préparée d'après votre procédé. »

Arsenal Royal, Woolwich, 19 avril 1841.

Le capitaine Soady présente ses compliments à M. Byham, et en réponse à sa lettre du 3 courant, lui demandant s'il a été fait sous ses ordres des essais ou des expériences sur de la toile, des cordages, etc., ayant subi la préparation de sir William Burnett contre la moisissure, — il a l'honneur de l'informer qu'au mois d'octobre dernier, le sloop de l'artillerie *le Somerset* a reçu une nouvelle misaine qui avait subi la préparation en question, et que l'épreuve a répondu à tout ce qu'on en pouvait attendre. La voile en question s'est trouvée exposée au brouillard et à l'humidité, sans qu'elle présentât aucun symptôme de blanc; tandis qu'une nouvelle voile de perroquet, fournie à la même époque, et soumise aux mêmes influences, mais qui n'avait pas été soumise au procédé contre la moisissure, a été piquée de blanc en plusieurs endroits. Par là se trouve justifiée l'opinion que la préparation de sir William Burnett produit réellement la conservation de la toile à voiles.

---

21 Salisury Street, le 28 avril 1841.

Monsieur,

Etant justement revenu en Angleterre sur le navire *Terror*, de la Marine Royale, je prends la liberté de vous instruire du succès des voiles qui nous avaient été remises pour en faire l'essai. Elles se sont montrées fort supérieures aux autres toiles. et bien préférables pour la manœuvre, surtout quand il y a beaucoup de temps mouillé et que pendant plusieurs jours de suite, on ne peut pas sécher ses voiles. Je suis faché de n'avoir pas mon journal de navigation; il est à Chatham; autrement je pourrais vous montrer la copie d'une remarque du lieutenant M. Murdo sur le même sujet.

On a aussi remarqué combien nous dépensions de vieille toile à voiles, et qu'on n'avait jamais besoin de réparer les voiles saturées. Par exemple, nous avons usé trois voiles de grand perroquet, contre une de l'autre toile que l'on employait comme bonnettes de petit perroquet, et qui à notre arrivée à Hobart-Town, était tout aussi bonne qu'auparavant.

Si vous consultez les journaux de navire dernièrement envoyés en Angleterre par *le Terror* ou par *l'Erebus*, vous verrez les remarques faites par le premier lieutenant de ces deux navires.

En souhaitant le meilleur succès à vos essais, et aussi bien pour vous que pour le service,

J'ai l'honneur d'être, monsienr, votre dévoué serviteur.

E. Molloy,
Maître d'équipage de la Marine Royale.

A sir William Burnett, membre de la Société Royale, etc.

---

*Autre attestation venant à l'appui de la précédente, touchant les voiles du navire* Terror *de la Marine Rogale.*

Golden Cross, le 16 février 1843.

Monsieur,

En réponse à votre lettre me demandant des renseignements sur l'usage et l'état de deux voiles de perroquet fournies au navire *Terror*, et qui avaient subi votre procédé conservateur breveté, c'est pour moi un véritable plaisir que de constater que l'épreuve a été des plus satisfaisantes; et que j'ai seulement à regretter que toute la toile du navire n'ait pas été ainsi préparée, spécialement la toile de rechange, qui a été presque entièrement détruite par l'humidité, ainsi qu'une grande quantité de petits cordages et d'articles d'approvisionnement en laine.

Comme premier lieutenant de ce navire, j'ai eu une bonne occasion de le constater, en faisant attacher une voile de grand perroquet, préparée avec votre dissolution contre deux autres du même mât, non préparées : la première s'est montrée de beaucoup supérieure après un temps considérable. Je suis fâché que les dates soient sorties de ma mémoire, et comme on ne peut pas prendre communication des journaux de navire de cette station, je crains bien que ce fait ne reste sans preuves de date jusqu'à ce qu'ils soient revenus.

J'ai l'honneur d'être votre, etc.

A. M' Murdo,
Lieutenant de la Marine Royale.

A sir W. Burnett, membre de la Société Royale.

---

*Lettre de feu M. Joseph Somes, membre du Parlement, datée de Londres,* 1er *mai* 1841.

Monsieur,

Une tente faite en toile Burnettisée qui avait été fournie au *Boadicea* (un de mes navires), en juillet 1840, a fait avec ce navire un voyage à l'île de l'Ascension, et en est revenue maintenue en parfait état de conservation vraiment surprenant. Non-seulement elle n'était nullement décolorée, mais elle est encore plus blanche des deux côtés que quand elle était neuve, et sa force ne paraît pas avoir diminué.

Je considère cette épreuve comme une expérience concluante de l'importance du procédé breveté, et cela tellement, que je vais faire soumettre au procédé de sir William Burnett toute ma toile pour tentes et bonnettes. Vous êtes autorisé à faire du présent renseignement l'usage que vous croirez utile.

Je suis, etc.

JOSEPH SOMES.

Au Secrétaire du brevet de sir William Burnett.

---

A bord du navire *Baretto Junior*, Londres, 24 novembre 1843.

A mon départ d'Angleterre, au mois d'août 1840, j'ai reçu ordre du propriétaire de ce navire de faire un rapport sur l'usure et la durabilité d'une toile dont j'avais des tentes, un hunier et une bonnette basse ; elle avait été préparée avec la dissolution Burnett. Je peux maintenant affirmer en toute connaissance de cause que depuis trente-cinq ans que je commande des navires, je n'ai jamais vu de meilleure toile, et pendant toutes ces épreuves elle n'a jamais présenté de symptômes de décomposition ou de blanc. Les tentes ont servi presque constamment ; elles ont été exposées au plus grand froid et la plus grande chaleur. — A Hong-Kong, pendant l'été, où le thermomètre s'élevait de 86° à 90°, et à Chusan dans l'hiver, où le thermomètre était à la glace; pendant ces temps-là nous les avions toujours étendues et au service pour nous protéger contre la neige et contre la pluie. Quand le vent soufflait fortement, il fallait les ferler et les laisser dans cet état pendant deux ou trois jours, en recevant le soleil par intervalles ; quand on les détachait pour les sécher, elles ne marquaient pas de traces de blanc. Ces tentes ont servi presque constamment depuis plus de trois ans, et on peut les regarder encore comme bonnes à servir. Souvent les bonnettes ont été hâlées bas étant mouillées, puis roulées, et elles se sont montrées d'aussi bonne qualité que les tentes.

Signé, J. MARSHALL, capitaine.

Au Secrétaire du brevet de sir W. Burnett.

---

*Autre attestation de feu M. Joseph Somes, datée de Londres*, 29 *novembre* 1843.

Je certifie par le présent que j'ai plus de 23,000 aunes de toile Burnettisée, employées comme tentes et voiles à bord de mes navires, dans toutes les parties du monde; la plus grande partie a servi plus de trois ans déjà dans les Indes et en Chine, et, au retour de ces navires ici, j'ai trouvé constamment que ces objets n'avaient pas été atteints par le blanc, et qu'ils sont relativement dans un bon état de conservation. L'adoption du procédé Burnett m'ayant donné de tels avantages, j'en ferai un usage plus étendu, et je le recommanderai toujours avec confiance.

Signé, JOSEPH SOMES.

Au Secrétaire du brevet de sir W. Burnett.

---

*Extrait d'une lettre écrite à bord du navire* Wilberfoce, *de la Marine Royale, par un des officiers, en date d'Acrra, sur la côte d'Afrique, le* 3 *août* 1841.

Quant à la toile, vous aurez la bonté de dire à sir William, qu'ayant donné mon attention à l'état en général des voiles, tentes et tendelets, etc., fournis au vapeur royal *Wilberforce*, et qui avaient subi le procédé conservateur breveté, j'éprouve un véritable plaisir à constater l'état satisfaisant où ils se trouvent, et cela, bien qu'ils aient été fort exposés aux pluies tropicales et à l'action d'un soleil vertical, et que la toile, étant fournie par adjudication, soit d'une qualité inférieure à celle employée dans la Marine. Les tentes contre la pluie paraissent presque imperméables, et bien certainement elles sont moins aisément traversées par la pluie que la toile ordinaire, et elles paraissent aussi plus unies et plus dures que celles qui n'ont pas subi cette préparation.

M. Forster, maître d'équipage du *Wilberforce*, partage la même opinion, et me dit aussi que le voilier, un vieux matelot, est décidément d'avis que ce procédé est un préservatif parfait contre le blanc, et que le *Wilberforce* s'est trouvé placé dans des circonstances de nature à en constater l'efficacité.

---

*Autre adressée à la même personne par le même officier, datée à bord du* Wilberforce, *confluent du Chadda et du Niger, le 19 septembre* 1841.

Les toiles, voiles, etc., se sont très-bien comportées; cependant je n'ai rien à vous ajouter là-dessus à ce que j'ai déjà dit dans une lettre où je vous en parlais, car c'est là un sujet auquel je prends quelque intérêt.

---

16 Upper Seymour street Portman square, 9 février 1842.

Mon cher monsieur,

En réponse à vos questions sur les effets de votre dissolution sur les voiles et tentes des navires de l'expédition du Niger, dont la toile avait été imprégnée avant qu'on les fît, j'éprouve un grand plaisir à pouvoir vous dire qu'elles ont très-réellement été préservées du blanc, et cela après l'expérience la plus rude à laquelle on puisse soumettre de la toile; en effet, elles se sont trouvées exposées pendant plusieurs mois à de fortes pluies et à un soleil brûlant, le thermomètre montant parfois à 93° et généralement fort au-dessus de 80°.

Je suis, monsieur, votre, etc.

H. Dundas Trotter,
Capitaine de la Marine Royale.

A sir W. Burnett.

---

Nous soussignés, capitaine et officiers de l'expédition du Niger, à bord du *Wilberforce*, ayant donné notre attention à l'état général d'usure des voiles, tentes et tendelets, dont le navire était fourni, et qui avaient été soumis au procédé conservateur breveté par Burnett, nous sommes bien aises de pouvoir en attester l'efficacité : la toile, ayant été exposée aux pluies tropicales et à l'action d'un soleil vertical, et bien que cette toile, fournie par forfait au navire, fût d'une qualité bien plus légère que celle que l'on emploie d'ordinaire dans la Marine Royale.

Les tentes contre la pluie paraissent devenir presque imperméables par la préparation; elles donnent moins passage à la pluie que la toile ordinaire, et elles sont aussi plus flexibles et plus rudes que celles en toile non soumise au procédé breveté.

Notre opinion absolue est que la préparation brevetée est un préservatif excellent contre le blanc et la rouille, ce que prouve évidemment l'état actuel des voiles et des tentes, qui sont encore bonnes et en état de servir; chose qui, selon toute probabilité, ne serait pas arrivée si elles n'avaient pas été Burnettisées, car elles seraient devenues pourries et hors d'état de servir.

Donné sous notre signature, à bord du *Wilberforce*, à Cape Coast-Castle, ce 29 mars 1842.

William Allen, capitaine et officier le plus ancien présent de l'expédition du Niger;

William Ellis, commandant du navire de la Marine Royale *Soudan*;

William Forster, maître d'équipage du *Wilberforce;*

M. Pritchett, docteur en médecine, chirurgien du navire le *Wilberforce.*

(Voir plus loin l'attestation du lieutenant Cockraft sur une tente de premier pont de l'*Albert*, navire faisant partie de la même expédition.)

---

*Lettre du capitaine W. Cook, l'un des commissaires nommés par le Gouvernement pour diriger l'expédition de Niger.*

Vapeur Royal le *Wilberforce*, sur mer, le 5 avril 1842.

Mon cher Docteur,

Accédant à votre demande, je vous donne par le présent mon opinion sur la composition brevetée par sir William Burnett pour la conservation de la toile, etc. Je le fais d'autant plus volontiers, que j'ai suivi avec soin ses effets sur les voiles de ce navire pendant les douze derniers mois, et je n'hésite pas à affirmer que, sans l'influence de la composition brevetée, il y a longtemps qu'elles seraient pourries depuis leur sortie du chantier. Pour vous le confirmer, je vous dirai que, pendant la dernière saison pluvieuse, il y avait beaucoup de malades à bord : j'ai vu souvent les voiles enroulées sur les vergues plusieurs jours de suite, sans que l'on pût trouver le temps de les aérer et de les sécher.

Dans de semblables circonstances, des voiles faites avec la toile la mieux blanchie, sans la composition, auraient été complétement détruites, tandis que ces voiles, dont la toile n'était pas des meilleures, sont encore attachées et servent constamment, sans présenter les moindres traces de blanc.

Je suis, Monsieur, etc.

W. Cook.

A M. Pritchett, docteur en Médecine, etc.

---

Woolwich, le 29 novembre 1842.

Au sujet des voiles, tentes, etc., du navire *Wilberforce*, qui avaient subi, il y a deux ans, la préparation brevetée par sir W. Burnett, et qui, depuis cette époque, ont beaucoup servi et ont été grandement exposées aux fortes pluies et à la chaleur intense qui constitue le climat de l'Afrique occidentale;

J'ai à vous informer que les voiles, etc., ainsi préparées, continuent à être en bon état et propres au service, bien que tout d'abord la toile à voiles ne fût pas de la meilleure qualité.

Mon opinion est aussi que si les voiles, etc., n'avaient pas subi cette préparation, elles auraient été depuis longtemps détruites par l'effet du climat et par le service constant. Comme autre preuve de l'efficacité du brevet, je dois dire que les vieilles bonnettes, qui d'ordinaire ont servi à nettoyer le fond après être entré dans le Niger, depuis le mois de juillet dernier, sont encore si bonnes, qu'une pièce sert encore de prélart pour l'écoutille d'arrière.

Signé, W. H. Webb, lieutenant, Officier commandant le Vapeur Royal le *Wilberforce*.

---

12, Northampton-square, St-John's-street-road, Londres, décembre 1844.

Monsieur,

Au sujet de votre demande relativement au degré de conservation par votre dissolution brevetée des voiles, tentes, etc., préparées par votre dissolution, j'ai l'honneur de vous dire que, pendant les deux années que j'ai commandé le navire à vapeur *Albert*, j'ai eu fréquemment l'occasion d'en constater les effets, et que, dans tous les cas, j'en ai trouvé le résultat satisfaisant.

Les tentes préparées par vous ont été exposées à tous les changements d'état atmosphérique; elles sont restées étendues, nuit et jour, dans la saison sèche et dans la saison pluviale (épreuves que je considère comme les plus rudes qu'elles puissent jamais subir). Ces tentes ont duré deux fois autant de temps que pourraient le faire des tentes en toile non préparée dans de semblables circonstances; et, quand elles étaient usées à force de service, elles présentaient un aspect aussi blanc, et non moisi, que la première fois qu'elles ont été mises à bord. Les voiles aussi, qui restaient fréquemment plusieurs jours de suite sans être détachées (à cause de la pluie incessante), ne sont jamais devenues moisies, ni chaudes, tandis qu'un hunier fait à l'île de l'Ascension avec de la toile non préparée, est devenu tout noir de moisissure de la tête aux pieds.

Toutes les toiles préparées, quand on les a préparées avec de la toile neuve, présentaient, après peu de jours d'exposition à la pluie, l'apparence d'un échiquier, à cause que la nouvelle toile s'échauffait et devenait noire. Une nouvelle tente de gaillard d'arrière, en toile non préparée, fournie par le vapeur *Royal Kite*, a été usée au bout de quatorze mois, tandis qu'une tente de premier pont, déjà fort usée dans l'expédition du Niger, m'a servi encore pendant vingt mois: de sorte qu'elle a cessé de pouvoir servir par suite des déchirures de boulets et par le vent, parce qu'on la tenait alors étendue pour conserver la santé de l'équipage, bien plutôt que par une usure naturelle. Cette tente doit avoir servi près de trente mois; elle a constamment été étendue et exposée à la pluie, au soleil et à l'humidité. Je pense que cela est une preuve aussi satisfaisante de l'efficacité de la dissolution qu'on puisse le désirer.

Je crois nécessaire de dire que le procédé n'épaissit aucunement l'étoffe, ni ne la rend difficile à manier, car elle est tout aussi douce et pliable, et même parfois plus que la toile non préparée. En somme, je puis dire avec assurance que votre invention produit une grande économie, et que son adoption offrirait des avantages incalculables, surtout aux navires faisant le commerce d'Afrique.

J'ai l'honneur d'être, Monsieur, votre, etc.,

Signé, MACLEOD B. COCKRAFT, lieutenant, précédemment chargé du commandement du navire à vapeur l'*Albert*, sur la côte occidentale d'Afrique.

A sir W. Burnett.

---

*Copie d'un rapport envoyé dans une lettre de sir John Barrow, datée du 8 janvier 1842, ensemble avec le rapport, page 46.*

Chantier de Portsmouth, le 20 décembre 1841.

La voile d'étai du navire citerne *Alpheus*, faite à moitié en toile, plongée dans la dissolution de sir William Burnett, et moitié de toile non préparée. La voile fut attachée le 9 février 1839, et elle a constamment servi jusqu'au mois d'octobre 1841. Les deux sortes ont été essayées en présence du capitaine sir George Seymour, d'un lord de l'Amirauté, M. Purdo, maître-inspecteur, et de M. Pennell, garde-magasin, le 15 octobre 1841.

Plongée dans la dissolution, la trame a supporté 156 livres; la chaîne, 178 livres.

Celle non préparée, la trame a supporté 117 livres; la chaîne, 163 livres.

La toile n° 3, préparée avec la dissolution de sir William Burnett, a été éprouvée en comparaison d'une autre de la même espèce; elle a été déposée pendant deux ans neuf mois dans un endroit humide. L'essai s'en est fait en présence de sir William Burnett, de M. Henderson, chirurgien de l'Arsenal, de M. Purdo, maître adjoint inspecteur; de M. Williams, contre-maître du chantier de Portsmouth; et de M. Taplin, maître-voilier, le 5 novembre 1841.

*Préparée avec la dissolution.* Sur un rouleau; une bande, la trame a supporté 228 livres; la chaîne, 321 livres.

Sur un rouleau; une bande, la trame a supporté 178 livres; la chaîne, 351 livres.

Sur une volige; une bande, la trame a supporté 441 livres; la chaîne, pas d'essai.

*Non préparée.* Sur une volige; une bande, la trame a supporté 131 livres; la chaîne n'a rien porté; tout à fait détruite.

Sur une volige; une bande, la trame a supporté 144 livres; la chaîne, 74 livres.

Sur un rouleau; une bande, la trame a supporté 253 livres; la chaîne, pas d'essai.

Ce rapport est signé par W. Purdo.

---

Trinity House, Londres, le 22 décembre 1841.

Monsieur,

Me référant à la lettre que vous m'avez fait l'honneur de m'écrire, en date du 16 du mois dernier, j'ai le plaisir de vous remettre, conformément aux ordres du conseil, la copie ci-jointe du rapport datée du 20 courant, qu'il a reçu de son agent à Ramsgate, touchant l'état actuel des voiles préparées d'après votre procédé breveté, et qui ont été mises à bord du navire phare le *Gull-Stream*, au mois de septembre 1810.

J'ai l'honneur d'être, Monsieur, votre, etc.

Signé, J. HERBERT, secrétaire.

A sir William Burnett.

---

Ramsgate, le 20 décembre 1841.

Monsieur,

J'ai l'honneur de vous informer que, conformément à votre demande, j'ai examiné les voiles à bord du navire phare *Gull-Stream*, qui avaient été préparées avec la dissolution breveté de sir William Burnett, et mises à bord au mois de septembre 1810. Depuis cette époque, elles sont restées sur le pont et ont été exposées au mauvais temps; malgré cela, elles sont encore en tout aussi bon état que quand elles ont été pour la première fois mises à bord; elles sont franches de moisi et ne présentent aucune apparence de dégradation. Des voiles non préparées, dans de pareilles circonstances, auraient été tout à fait dégradées et hors de service.

Je suis, Monsieur, votre, etc.

Signé, R. DAVIS, agent de Trinity House.

A M. Jacob Herbert, secrétaire du conseil de Trinity House, etc.

---

*Autre attestation.*

Ramsgate, le 16 janvier 1844.

Monsieur,

Conformément à votre demande, j'ai examiné de nouveau les voiles à bord du navire phare *Gull-Stream*, et j'ai le plaisir de vous informer qu'elles sont encore en bon état, et franches de moisi et de toute autre apparence de dégradation.

Je suis, Monsieur, votre très-humble serviteur,

Signé, R. DAVIS.

A. M. Chas Jackson.

---

Bureau du conseil spécial, Woolwich, 3 mars 1842.

*Memorandum.*

Eté aujourd'hui avec M. Jackson, et vu déposé dans un trou pratiqué à cet effet, près du mur extérieur du vieux carré, à l'Arsenal Royal, près de l'angle sud-est, six pièces de toile et trois pièces de drap préparées suivant le procédé breveté de sir William Burnett contre la pourriture sèche et humide, etc.; et six pièces de toile et trois pièces de drap non préparées, que l'on avait toutes coupées de la même toile et du même drap : le trou avait une profondeur d'environ quatre pieds. Les échantillons furent placés alternativement l'un au-dessus de l'autre; préparés et non préparés en quatre tas; deux de chaque sorte auprès du sol, sous une boîte en bois sans couvercle, retournée; la terre fut remise par-dessus. Ce lieu avait été choisi à cause de son humidité et de son exposition aux rayons du soleil; la chaleur et l'humidité étant très-productives de moisi.

Signé, HENRY PALLISER, capitaine d'artillerie,
Secrétaire du Comité.

---

Woolwich, le 9 septembre 1842.

Monsieur,

En réponse à votre lettre du 9, j'ai l'honneur de vous informer que les échantillons préparés et non préparés de toile et de drap ont été retirés du trou de l'Arsenal, et après qu'ils eurent été examinés en votre présence, on les a lavés à l'eau courante et séchés.

Puis, le 22 juillet, on les a mis ensemble dans une boîte en sapin, percée en plusieurs endroits, et placés dans un égout humide, mais pas en contact avec l'eau.

Ils seront examinés par le Conseil, lors de sa prochaine réunion.

Je suis, Monsieur, votre, etc.

Signé, HENRY PALLISER.

A Monsieur C. Jackson.

---

Bureau du Conseil spécial. Woolwich, le 23 septembre 1842.

Monsieur,

Les échantillons de toile et de drap ont été retirés après être restés neuf semaines exposés à l'humidité après le lavage.

La toile préparée était propre, et non endommagée; celle non préparée était couverte de moisi.

La Commission a fait son rapport à l'inspecteur général; et la boîte contenant les échantillons est dans ce bureau, où vous pouvez la voir en tout temps, tous les jours jusqu'à 4 heures de l'après-midi

Je suis, Monsieur, votre, etc.

Signé, HENRY PALLISER, secrétaire.

A Monsieur C. Jackson.

---

*Rapport officiel datée de l'administration de l'artillerie, le 10 octobre 1842.*

Monsieur,

Ayant soumis au Conseil de l'artillerie votre lettre en date du 8 courant, nous portant de la part des propriétaires du brevet Burnett, la demande d'avoir une copie du rapport du Conseil spécial sur les expériences faites à l'Arsenal Royal de Woolwich, avec de la toile et de l'étoffe de laine préparées avec la dissolution Burnett, et demandant aussi la permission de prendre des échantillons dans leurs bureaux ;

J'ai l'honneur de vous informer que le rapport que l'on a reçu au sujet de l'invention de sir W. Burnett pour la présentation des objets contre la moisissure, est favorable à l'invention ; mais le Conseil ne peut vous en donner copie, non plus que des échantillons.

Je suis, Monsieur, votre, etc.

Signé, R. BYHAM.

A Monsieur C. Jackson, bureau du brevet Burnett.

---

Club de l'Armée et de la Marine, le 2 août 1842.

Monsieur,

Je regrette qu'une indisposition ait été cause que je n'ai pas pu répondre plus tôt à votre lettre du 20 juillet.

En réponse à vos demandes concernant les voiles du navire à vapeur de la Marine Royale, la *Dévastation*, qui avaient été préparées selon votre procédé, je regrette de vous dire qu'une seule voile a eu le bonheur d'être soumise à votre dissolution ; mais cela a été suffisant pour prouver, de façon à n'en pas pouvoir douter, toute l'excellence de votre invention; car c'est la seule voile qui, après une épreuve de trois mois d'un temps constamment humide, n'a pas présenté la moindre apparence de moisissure; tandis que toutes les autres, malgré qu'on prît toutes les précautions possibles pour l'empêcher, ont été plus ou moins piquées du blanc; et je suis parfaitement convaincu que si elles avaient été préparées avec votre dissolution, rien de semblable ne serait arrivé; et je suis certain, à cause de son mérite incomparable, que le jour n'est pas fort éloigné où il ne sera pas fourni aux navires de la Marine Royale une seule voile, une seule ralingue, qui n'ait pas été préparée selon votre précieuse découverte.

J'ai l'honneur d'être, votre, etc.

G. J. GORDON,
Ancien commandant du navire à vapeur la *Dévastation*.

A sir W. Burnett.

---

*Autre attestation.*

A bord du vapeur le *Cormoran*, Callao, le 7 septembre 1845.

Mon cher sir William,

J'ai été fort surpris d'apprendre de M. Holdsworth que vous n'avez pas reçu la lettre que je vous ai écrite de Tahiti au mois d'avril de l'an dernier, en vous rendant compte d'une expérience que nous avons faite d'une tente qui avait été préparée (à ce que je crois) d'après votre précieux procédé. La collection de voiles que nous avons maintenant d'attachées sont extrêmement tachées et piquées, et réellement elles sont hors de service, à l'exception des seules bonnettes qui ont été soumises à votre préparation, et qui sont maintenant tout aussi franches de taches et de pourriture que la première fois qu'elles ont été employées, c'est-à-dire, il y a de cela maintenant plus de deux ans; il est vrai qu'elles n'ont pas été aussi exposées que les autres voiles, étant d'ordinaire dépliées dans le port; mais je puis vous assurer qu'elles ont passé par une bonne épreuve, car j'ai pour règle invariable d'appareiller dès qu'il y a la moindre apparence d'utilité, et je suis devenu, s'il est possible, encore plus partisan de voir toutes les voiles préparées selon votre dissolution que quand je commandais la *Dévastation*, moment où j'ai, pour la première, fois connu tout son prix.

J'espère que vous surveillez les personnes chargées de la préparation de la toile, et que vous engagez les surveillants à se montrer très-sévères là-dessus, car je suis convaincu que s'il arrive jamais que votre procédé ne réussisse pas, cela proviendra de leur négligence et non d'aucune imperfection dans la dissolution; de sorte que votre bon crédit est tout entier entre leurs mains.

Je dois finir maintenant, mais ce n'est pas sans vous souhaiter le meilleur succès.

Croyez-moi votre tout dévoué.

Signé, G. J. GORDON, commandant de la Marine Royale.

---

La tente contre la pluie fournie au navire à vapeur royal *Cormoran*, ayant subi le procédé conservateur de sir William Burnett, est restée étendue pendant cinq jours consécutifs à la pluie, et a ainsi été parfaitement saturée d'eau; elle a ensuite été roulée et exposée aux rayons d'un soleil tropical et à la pluie, afin d'en essayer la préparation; quand elle fut ouverte, après être restée dans cet état pendant plus de dix jours, elle a été trouvée entièment libre de blanc ou de taches.

La tente du gaillard, qui n'avait pas été préparée, a au contraire été extrêmement piquée de blanc après avoir été ainsi exposée seulement pendant quelques heures.

Cette expérience, ainsi que d'autres circonstances que nous avons observées, nous amènent à penser que le brevet de sir Willam Burnett est des plus précieux pour la conservation de la toile.

Fait sous notre signature, à bord du navire à vapeur royal le *Cormoran*, à Callao, le 1er septembre 1845.

Signé, G. J. GORDON, commandant;
R. HILL WHARTON, lieutenant;
J. W. WARREN, maître d'équipage.

---

8, Lockyer Terrace, Plymouth, le 6 novembre 1845.

Monsieur,

Pendant trois années d'expérience sur la côte d'Afrique, j'ai vu votre toile préparée essayée sous toutes les formes, avec le plus grand succès. En effet, je n'ai jamais vu de tache de blanc sur de la toile préparée (soit en tentes, soit en voiles), tandis que j'ai souvent vu de la toile non préparée couverte de blanc en six ou huit heures.

J'ai l'honneur d'être, Monsieur, votre, etc.

Signé, JOHN SECCOMBE, lieutenant de la Marine Royale, précédemment du navire l'*Espoir*, servant sur la côte d'Afrique.

A sir William Burnett.

---

Navire *Forester*, West India Docks, le 26 décembre 1842.

Mon cher Monsieur,

Avant de repartir pour les Indes-Occidentales, j'ai l'honneur de vous dire que la toile que vous avez préparée pour ce navire a été faite en tente de gaillard d'arrière, et étendue jour et nuit pendant quatre mois, pendant qu'il était à Tobago. Je suis bien aise de vous dire qu'elle est maintenant parfaitement franche de tache ou de blanc.

De même, la toile Burnettisée que nous avons eue de vous en 1840, et dont nous nous sommes servis par erreur en réparant notre hunier, et une partie d'une misaine nouvelle, en est aussi également dépourvue. Tous ceux qui connaissent l'usure de la toile à bord d'un cabotteur des Indes-Occidentales, ou d'une tente dans un climat tropical, sauront apprécier comme il convient votre dissolution.

Je suis, Monsieur, votre, etc.

Signé, D. M. ARTHUR, capitaine du navire *Forester*.

Au secrétaire du brevet Burnett.

---

St-John's Wood, Regents Park, le 31 décembre 1842.

Mon cher Monsieur ,

Veuillez m'excuser de ne pas vous avoir plus tôt communiqué par écrit ce qui a fait le sujet de notre conversation quand j'ai eu le plaisir de vous voir; mais des affaires inattendues m'ont appelé hors de Londres.

Quand j'étais à Valparaiso au mois de juillet dernier, je me suis occupé attentivement à bord du *Dublin*, de déterminer l'effet de votre dissolution sur les voiles de ce navire, sachant par ma propre expérience avec quelle rapidité le blanc apparaît sur les navires employés sur la côte occidentale de l'Amérique du sud, quelques soins et précautions que l'on prenne pour éviter le mal.

J'ai vu et examiné les tentes du *Dublin*, qui ont presque constamment servi pendant plusieurs mois à Lima, où, par suite des rosées très-fortes, elles sont presque toutes les vingt-quatre heures mouillées et sèches; et j'ai été informé qu'elles avaient souvent été ferlées parfaitement humides et n'avaient pas été étendues pendant des jours entiers, dans le but de les essayer; mais jamais on n'y voyait la moindre tache de blanc. Les bonnettes, fort usées, fréquemment rentrées et mouillées, — des jours entiers se passant sans qu'on ait occasion de les étendre pour les sécher, — n'étaient, quand on les ouvrait, ni échauffées ni piquées de blanc, tandis que d'autres bonnettes, non imbibées, furent trouvées à bord du *Dublin*, comme à bord d'autres navires de cette station, absolument noires en une nuit.

Les officiers de service à bord du *Dublin* étaient d'avis que les voiles préparées selon votre procédé breveté sont décidément plus durables que celles faites avec de la toile non préparée.

En souhaitant un bon succès à une entreprise destinée à donner une supériorité réelle à notre marine, et à produire beaucoup d'économie au gouvernement,

Je suis, monsieur, votre, etc.

JENKIN JONES, capitaine de la Marine Royale.

A sir William Burnett.

---

A bord du vapeur *Duke of Cornwall.*
Londres, le 17 octobre 1843.

Monsieur,

Votre honorée lettre du 28 septembre m'est arrivée à Dublin. En réponse, j'ai l'honneur de vous dire que la tente que vous avez préparée pour nous il y a un an, n'a pas le moindrement de blanc, bien qu'elle ait fréquemment été roulée mouillée pendant l'été. Je vous envoie maintenant un foc pour lui faire subir le même procédé de préparation.

Je suis, Monsieur, votre, etc.

HENRY H. MILLS, capitaine.

Au secrétaire du brevet Burnett.

---

A bord du *Trent,* Southampton, 11 novembre 1843.

Je suis aise de pouvoir attester au sujet de l'état des voiles à bord du paquebot à vapeur de la malle le *Trent*, commandé par moi, dont un jeu a presque constamment été attaché pendant près de deux ans, et pendant ce temps exposé aux actions soudaines de la chaleur, de l'humidité et du froid, alternatives qui sont particulières à nos voyages : aussi que pendant le même, le jeu de rechange est resté à bord, et a été attaché seulement de temps à autre, quand celui qui était en train avait besoin d'être réparé ; et que, ni dans un cas, ni dans l'autre, il n'y avait de traces de blanc, ayant examiné chaque voile avec soin, peu de jours avant notre arrivée dans le port.

Je suis, votre dévoué serviteur.

F. S. BOXER, capitaine.

Au secrétaire du brevet de sir W. Burnett.

---

*Bureaux de la compagnie des paquebots de la Malle Royale, Southampton le 8 janvier* 1844.

Monsieur,

J'ai l'honneur de vous informer que j'ai examiné l'état des voiles primitivement fournies aux navires de la compagnie des paquebots de la Malle Royale *Thames*, *Trent* et *Medway*, que l'on m'a dit avoir été Burnettisées, et j'ai trouvé la toile dans un bon état de conservation et à l'abri du blanc ; mais comme il n'y a aucun des timbres qui soit resté, je n'ai pas le moyen de déterminer si ces voiles ont effectivement été soumises au procédé mentionné plus haut.

Je suis, monsieur, votre, etc.

RICHARD BARTON, surintendant.

A M. C. Jachson, secrétaire, etc.

---

Lymington, Hants, le 15 janvier 1845.

Mon cher sir William Burnett,

Je ne puis pas m'empêcher de vous faire connaître le résultat très-heureux de l'essai de votre précieuse dissolution sur le seul objet qui ait été imbibé avec elle à bord du *Frolic*, c'est-à-dire la tente. Il est inutile que je vous rappelle les averses de pluies et les grandes brises qui surviennent parfois sur les côtes du Brésil et dans la Plata, qui mettent à une rude épreuve toute la toile ; mais je dois ajouter seulement que nonobstant son usage fréquent (et vers la fin presque constant), la tente m'a paru, quand j'ai quitté le *Frolic*, aussi bonne que quand je l'ai prise il y a deux ans dans l'arsenal de Portsmouth.

Je vous félicite de pouvoir ajouter cette nouvelle expérience à tant d'autres qui ont été terminées tout aussi heureusement, et croyez-moi toujours

Votre tout dévoué, etc.

Signé, J. H. WILLES.

Ancien Capitaine du navire le *Frolic*, de la Marine Royale.

*Extrait d'une lettre datée du* 29 *mars* 1845, *écrite par M. A. H. Holdsworth, à sir William Burnett.*

Je vous ai écrit quelques lignes avant de quitter Londres; j'ai maintenant le plaisir de vous annoncer que je viens d'avoir des nouvelles de Gordon, du *Cormoran*, dans une lettre où se rencontre le passage suivant :

Je vous prie de présenter mes compliments à sir Willam Burnett, si vous le voyez, et de lui dire qu'aucune toile n'aurait pu se comporter mieux que la sienne ; notre tente du gaillard d'arrière, qui n'avait pas été préparée par lui, s'est couverte de taches noires en une seule nuit, et elle est devenue complétement moisie. J'ai donné ordre de mouiller sur le pont une tente qui avait été préparée d'après son procédé ; puis je l'ai fait rouler et je l'ai laissée dans cet état pendant dix jours, à l'exposition d'un soleil très-chaud et de violentes averses près du tuyau. Après ce temps-là on la sécha, et on la trouva tout aussi bonne que quand elle sortait du magasin des voiles.

Voilà un compte-rendu qui est tout aussi bon que vous puissiez le désirer; mais vous avez déjà tant d'autres preuves, que celle-ci est peut-être de peu de valeur. Cependant je n'ai fait qu'obéir à ses désirs, en vous transmettant ce fait.

---

3, Great Queen street, Westminster, 12 juin 1844.

Monsieur,

A mon arrivée en Angleterre, les Lords Commissaires de l'Amirauté m'ont demandé de faire un rapport sur les tentes qui avaient été plongées dans la dissolution de sir William Burnett, puis envoyées à Rio-Janeiro pour servir aux usages du navire le *Crescent*, de la Marine Royale, sous mon commandement à cette époque.

Ces tentes ont constamment servi pendant environ douze mois : elles n'ont pas le moindrement été attaquées par le blanc ou pourries comme l'étaient les anciennes tentes par les alternatives de soleil et de pluie.

Mon opinion est qu'elles dureront encore longtemps.

Je dois encore ajouter que plusieurs des navires de la Marine Royale de cette station avaient coutume d'envoyer quelques-unes de leurs voiles à bord du *Crescent* pour qu'on en prît soin jusqu'à ce que ces navires reprissent la mer. J'ai remarqué que celles qui avaient été plongées dans la dissolution n'étaient nullement attaquées par le blanc, tandis que les autres en étaient fort piquées.

J'ai l'honneur d'être, monsieur, votre, etc.

Signé, M DONELLAN, lieutenant, commandant précédemment le *Crescent*.

A l'honorable Sidney Herbert, membre du Parlement, à l'Amirauté.

---

*Extrait d'une lettre du lieutenant Walter Leslie, commandant du brick* Penguin, *de la Marine Royale, datée du* 29 *novembre* 1843.

............. A notre départ pour le Brésil, au mois de janvier dernier, on a mis à bord des tentes pour le *Crescent :* ces tentes avaient été préparées suivant le procédé breveté de sir William Burnett....... Il était entré beaucoup d'eau, et beaucoup s'était écoulée dans le fond. Une humidité continuelle suintait du pont et des bans..... A ma grande suprise, elles (les tentes) conservèrent leur odeur douce et fraîche, tandis que les autres voiles étaient échauffées et se moisissaient.

Dans mon humble opinion, la toile préparée de cette manière présente spécialement un très-grand avantage dans les petits navires, qui n'ont pas de place pour abriter une grande partie des voiles, qu'ils sont obligés de porter continuellement; ainsi, les perroquets volants, bonnettes et tentes, et j'ai la certitude que l'on perd plus de ces voiles par la moisissure que par une usure effective, surtout eu égard à ce que nous allons tant dans les climats chauds.

---

*Extrait d'une lettre datée de Bombay*, 31 *octobre* 1845.

Monsieur,

Le commandant de mon navire, le *Buckinghamshire*, qui vient d'arriver d'un voyage en Chine, me parle avec tant d'enthousiasme du ballot de toile que vous m'avez envoyé, tant pour la qualité de la toile que pour les avantages provenant de sa Burnettisation, que je vous prie de m'en envoyer pour mon compte, par la plus prompte occasion, cent paquets de la même qualité que la précédente.

Je désire que cette toile soit précisément de la même qualité, avec cette seule différence qu'il devra s'y trouver un peu plus de gros numéros, à cause de la grande dimension de mes navires.

J'espère que je pourrai persuader plusieurs armateurs d'ici à patronner l'emploi, sur une grande échelle, de la toile Burnettisée, aussitôt que la valeur réelle en sera mieux connue.

Monsieur, votre dévoué.

Signé, FRAMJEE COWASJEE.

A M. Charles Jackson, secrétaire du brevet Burnett.

---

A bord du *Buckinghamshire*, Londres, le 2 décembre 1846.

Monsieur,

Ayant fait l'essai de votre toile Burnettisée à bord de ce navire pendant ces trois dernières années, je m'empresse de joindre mon témoignage à tous ceux qui peuvent déjà exister, au sujet de sa supériorité sur la toile non préparée.

Depuis que j'ai employé votre toile préparée, mes voiles et mes tentes ont été entièrement garanties du blanc. Les voiles avaient été cousues avec du fil non préparé; après qu'elles eurent été exposées à trop d'humidité, le fil se pourrit, mais la toile resta franche de toute tendance à la décomposition.

Je suis, monsieur, votre, etc.

Signé, D. MACGREGOR, commandant du *Buckingamshire*.

A M. C. Jackson, secrétaire, etc.

---

*Extrait d'un rapport officiel, daté de Portsmouth, à l'Arsenal, le* 24 *septembre* 1847.

Monsieur,

Pour accomplir votre ordre du 23 courant, touchant la toile qui avait été roulée sur du bois rond et déposée dans les caves du magasin des chanvres au mois d'avril 1839, nous avons l'honneur de vous informer que nous avons examiné attentivement ladite toile, et que l'une des pièces avait été préparée avec la dissolution de sir William Burnett, et l'autre n'avait pas subi de préparation. Cette dernière était partout extrêmement attaquée par le blanc, et dans quelques endroits si pourrie qu'elle s'est déchirée en la retirant du rouleau, qui était lui-même pourri à un degré très-avancé; que la toile préparée avec la dissolution de sir William Burnett est parfaitement franche de blanc, sauf quelques petites taches qui paraissent dues à ce qu'elle se sera trouvée en contact avec quelque fluide d'une nature particulière; et l'état sain du rouleau sur lequel était roulée la toile préparée, comparé avec l'état de l'autre est très-remarquable, car il avait été coupé sur le même épars.

Nous sommes, monsieur, vos très-obéissants serviteurs.

Signé, Charles BROWN, maître inspecteur; J. TAPLIN, maître voilier; B. HARVEY, maître gréeur.

A l'Amiral Hyde Parker, surintendant, etc.

---

## Cordages, filets de jardin, etc., préparés.

Amirauté, le 8 janvier 1842.

Monsieur,

Les Lords-Commissaires de l'Amirauté m'ont invité à vous envoyer par la présente une copie du rapport fait par les officiers de l'arsenal de Portsmouth, relativement aux essais qui ont eu lieu pour déterminer la force des cordes et des toiles préparées avec une dissolution de chlorure suivant votre procédé.

Je suis, monsieur, votre, etc.

Signé, J. **Barrow.**

A sir William Burnett.

---

Chantier de Portsmouth, le 24 juin 1843.

Monsieur,

Ayant fait, conformément à vos instructions, les expériences comparatives mentionnées ci-après touchant la force du cordage et de la toile préparés avec une dissolution chlorurée d'après le procédé Burnett, et ayant essayé en même temps les sortes correspondantes non préparées, j'ai l'honneur de vous en marquer le résultat comme suit, et suivant les ordres contenus dans votre note du 22 courant :

Cordage de 2 1/2 pouces, 25 fils.

| | Tonnes. | Quintaux. | Quarts. | Livres. |
|---|---|---|---|---|
| Blanc italien, préparé. . . . . . | 2 | 10 | 3 | 7 1/2 |
| » non préparé. . . . . | 2 | 9 | 3 | 26 1/2 |

suspendu et exposés à l'humidité et à la sécheresse dans un jardin. Celui qui n'était pas préparé s'est cassé à l'épissure.

| | Tonnes. | Quintaux. | Quarts. | Livres. |
|---|---|---|---|---|
| Blanc italien préparé. . . . . . . . . . | 2 | 7 | 3 | 7 1/2 |
| » non préparé. . . . . . . . | 1 | 19 | 3 | 7 1/2 |

Suspendus sur les pontons, et exposés à l'humidité et à la sécheresse.

Celui non préparé s'est cassé à l'épissure.

| | | | | |
|---|---|---|---|---|
| » préparé. . . . . . . . . | 1 | 9 | 2 | 7 1/2 |
| » non préparé. . . . . . . . | 1 | 8 | 3 | 7 1/2 |

Enterrés dans la vase, dans le South Camber.

Celui non préparé s'est cassé au millieu.

| | | | | |
|---|---|---|---|---|
| » préparé . . . . . . . . . | 1 | 9 | 3 | 7 1/2 |
| » non préparé. . . . . . . . | 1 | 12 | 0 | 7 1/2 |

Sous l'eau, à l'entrée sud du dock.

Celui non préparé s'est cassé à l'épissure.

| | | | | |
|---|---|---|---|---|
| » préparé . . . . . . . . . | 0 | 14 | 2 | 0 » |
| » non préparé. . . . . . . . | 0 | 8 | 0 | 0 » |

Suspendus sous l'arche qui est au bout du South Camber, sous l'eau et hors de l'eau, selon la marée haute ou basse.

---

Voir l'attestation signée par H. E. Amedroz, pour le secrétaire de l'amirauté, en date du 13 juillet 1840, relative aux cordages et à la toile préparés. Page 34.

---

Formosa, comté de Berks, le 27 mars 1843.

Monsieur,

Je suis fâché de vous dire que j'ai perdu les dates des expériences que j'ai faites avec la préparation de sir W. Burnett, autrement je vous aurais écrit plus tôt. Le premier filet est resté exposé environ six mois sur ma pelouse, *en tas*, et quand il ne pleuvait pas, je faisais jeter de l'eau dessus pour le soumettre à l'épreuve la plus rude. Quand le filet fut retiré, je l'ai trouvé en aussi bon état que la première fois qu'il avait été préparé.

Un filet non préparé soumis à un pareil traitement, serait devenu hors de service au bout de quinze jours au plus. Le second filet a constamment servi depuis le mois février 1842, et je n'ai pas pu remarquer le moindre signe de dégradation.

Je suis etc.

Signé, J. G. BERGMAN.

Au secrétaire du brevet Burnet.

---

*Autre attestation rétablissant les dates ci-dessus.*

Formosa, Berks, 8 mai 1843.

Monsieur,

Vous avez parfaitement raison au sujet du second filet : il a été préparé au mois de mars 1841 et non pas en février 1842 comme je l'avais dit par erreur, et il a beaucoup servi.

Je crois que cette préparation est également applicable à la toile, et j'ai l'intention de m'en servir bien plus généralement que je ne l'ai fait; je suis bien convaincu que par là je réaliserai une économie considérable.

Votre, dévoué serviteur.

Signé, J. G. BERGMAN.

Au secrétaire du brevet Burnett.

---

## Lainages protégés contre les teignes, etc.

---

*Station de l'Amérique du Nord et des Indes-Occidentales. — Abord de la corvette royale le* Pantaloon, *Hallifax, Nouvelle-Écosse, le 1er juillet* 1847.

Rapport fait sur les objets mentionnés ci-après, dont l'essai se poursuit à bord de ce navire.

Un ballot de vestes en laine bleue tissue, preparées avec la dissolution de sir W. Burnett, dans le but de les garantir des teignes ou de l'hmidité.

Il a été ouvert en juin 1847, après être resté douze mois dans le navire, arrimé dans l'arrière-magasin des hardes, et trouvé parfaitement intact de toute attaque de la teigne ou des vers, et il ne paraît pas avoir le moins du monde souffert de l'humidité ; tout au contraire, les vestes paraissent être dans un état aussi parfait que quand on les a emballées.

Signé, H. J. DOUGLAS,
Commandant.

---

A bord de la corvette royale *Kingfisher*, le 18 janvier 1847.

Monsieur,

La balle de vêtements, détaillée ci-après, ayant été prise le 19 janvier 1846 à bord de la corvette royale que je commande, pour y rester, non ouverte, pendant une durée de douze mois :

J'ai l'honneur de vous dire, à titre de rapport à ce sujet aux Lords Commissaires de l'Amirauté, quel en était l'état et les qualités apparentes, quand, conformément aux instructions données au commandant C. H. Brown par l'établissement de l'île de l'Ascension, elle a été ouverte et que le contenu en a été distribué à l'équipage.

Les effets en question avaient continué à rester à l'abri des attaques des teignes et autres insectes, ne montraient aucun signe de destruction, et présentaient toutes les apparences de force et de durée.

J'ai l'honneur, d'être, etc.

Signé, FREDERICK WILMOT HORTON,
Commandant.

(Serge bleue en pièce et diverses matériaux, une balle contenant 80 yards, préparée avec la dissolution Burnett.)

---

Corvette royale *Waterwitch*, Cape Lopez Bay, le 21 avril 1847.

Monsieur,

Quand j'étais à l'Ascension, au mois de janvier 1846, j'ai reçu à bord de cet corvette une balle d'habits de serge, Burnettisés, ensemble avec la copie d'une lettre du contrôleur des vivres, demandant qu'elle fût gardée à bord pendant douze mois avant de l'ouvrir.

J'ai l'honneur de vous informer que j'ai fait ouvrir ce ballot aujourd'hui, et que j'ai trouvé que les habits étaient en parfait état de conservation, et n'ont pas le moindrement souffert des teignes ni de l'humidité.

J'ai l'honneur, d'être, etc.

Signé, T. F. **Birch**,
Commandant.

Au Secrétaire de l'Amirauté.

---

Amirauté, le 27 mai 1839.

Monsieur,

J'ai l'honneur de vous informer que le 4 décembre 1838, j'ai mis différentes pièces de drap et fourrures préparés par vous, dans une caisse d'étain qui contenait différents effets d'habillement très-infectés de teignes. L'ayant examinée, il paraîtrait que les draps et fourrures, ainsi préparés, non-seulement sont à présent dans le même état que quand on les a mis dans la caisse, c'est-à-dire n'ont pas été touchés par les teignes; mais encore que ces insectes ont été totalement détruits, car il n'en reste plus dans la caisse que les carcasses ou peaux, ce qui ne peut être attribué qu'aux effets de votre préparation.

J'ai l'honneur d'être, monsieur, votre dévoué serviteur.

Signé, **Thos Morton.**

A sir W. Burnett.

---

*Autre attestation.*

Amirauté, le 1er juillet 1841.

Monsieur,

En vous rappelant les faits que je vous ai rapportés le 27 mai 1839, j'ai de nouveau examiné les effets d'habillement de marins (surtout des grands habits, article que les teignes attaquent avec acharnement, et qui y sont très-sujets) contenus dans une caisse en étain sous ma garde, et dans laquelle on avait placé des draps et fourrures préparés par vous le 4 décembre 1838. Je trouve que les habits et les fourrures qui sont restés ainsi déposés n'ont pas été touchés par le ver, et ils me semblent dans le même état que lorsqu'on les a mis dans la boîte. Je n'hésite nullement à ajouter que vos étoffes préparées ont servi d'agent destructeur des teignes qui étaient dans la caisse, avant qu'on eût mis les draps et fourrures préparés par vous.

J'ai l'honneur d'être, monsieur, votre, etc.

Signé, **Thos Morton.**

A sir W. Burnett.



PARIS. — IMPRIMERIE CENTRALE DE NAPOLÉON CHAIX ET Cie, RUE BERGÈRE, 20.

www.ingramcontent.com/pod-product-compliance
Ingram Content Group UK Ltd.
Pitfield, Milton Keynes, MK11 3LW, UK
UKHW021947260726
13994UKWH00004B/1592